にっぽんのメジロ

監修 小宮輝之
編集 ポンプラボ

KANZEN

巻頭スペシャル

花にメジロ

――四季の色とりどり

ウメ

葉を落とした無骨な枝に、白や淡紅、濃紅の色を咲かせて日本に春の訪れを告げるウメ、モモ、サクラ。そしてその枝から枝を渡る黄緑色の鮮やかな羽色の小鳥は、今年もまた季節の花々とともに過ごすのです。

ウメ

タイサン
ボク

アメリカ
デイゴ

キンモク
セイ

ロウバイ

アロエ

ビワ

ツバキ

はじめに

早咲きのウメやモモのつぼみがふくらみ、開き始めるころ。待ちわびた春の到来を感じて枝を見上げた人たちが見つけるのが、花と花の間を行き交う、小さな先客です。

野鳥に興味がある人なら、目の周りの白い輪（アイリング）はよく見えなくても、若葉を思わせる黄緑色と黄色の羽色としぐさで、それがメジロだとわかることでしょう。その前に、「チー」「チチチ」と仲間同士鳴きあう、か細くかわいらしい声でそうとわかる人も少なくないかもしれません。

会うと心うれしくなるこのメジロは、飼い鳥として長く愛されてきた鳥でもありました。茶系やモノトーンの色彩の野鳥が多い日本では、黄緑色が基調の羽色と白いアイリング、そして可憐な鳴き声と、メジロは人々の心をとらえてやまない魅力に満ちた小鳥だったのです。それはもちろん今も変わりませんが、野鳥であるメジロたちの姿からは、中西悟堂（なかにしごどう）の唱えた「野の鳥は野に」がいかに至当であるかをあらためて感じさせられます。

本書は、そんな野にあるメジロたちのさまざまな瞬間をとらえた写真の数々と、メジロにまつわる読みもので構成された、「とことんメジロ推し！」の一冊です。メジロの世界を楽しみながら、その新たな一面に触れるきっかけとしていただけましたら幸いです。

もくじ

巻頭スペシャル
花にメジロ——四季の色とりどり ……… 2

はじめに ……… 8

基礎知識編
メジロのきほん ……… 12
メジロってこんな鳥 ……… 14
メジロのからだ ……… 16
PHOTO COLUMN メジロスタイルⅠ
枝から枝へ——跳ぶ、飛ぶ! ……… 18
メジロの食べもの ……… 22
メジロの一日 ……… 24
PHOTO COLUMN メジロスタイルⅡ
水浴びの時間——仲間と、他種と ……… 26
メジロの子育て ……… 30
メジロの集団行動 ……… 32

VISUAL CALENDAR
メジロごよみ［暦］……… 34
メジロの春（3·4·5月）……… 36
メジロの夏（6·7·8月）……… 40
メジロの秋（9·10·11月）……… 44
メジロの冬（12·1·2月）……… 48

雑学情報編
メジロのなるほど ……… 52
この鳥たちとの関係 ……… 54
ウグイス……54／ヒヨドリ……56／カラ類……58
／エナガ……59
メジロの目ヂカラ考察 ……… 60
PHOTO COLUMN LET'S LOOK
くらべてみよう アイリングと虹彩 ……… 62
もっとくらべてみよう 鳥たちの虹彩 66
メジロと日本人 ……… 68

SPECIAL FEATURE

にっぽんのメジロの仲間たち …… 72

世界にいるメジロの仲間 …… 73

メジロ属 *Zosterops* の鳥リスト …… 74

メジロの亜種紹介 …… 76

メジロ、シマメジロ…77／シチトウメジロ、イオウトウメジロ、リュウキュウメジロ…78／ダイトウメジロ、ハイナンメジロ、ヒメメジロ…79

CLOSE UP!

日本で見られるメジロ科の2種 …… 80

チョウセンメジロ…81／メグロ…82

GOURMET DIARY

メジロたちの絵になる食卓 …… 84

花モモ…86／花ウメ…87／花サクラ…88／花アブラナ、ボケ…89／花アセビ、コブシ、サルココッカ…90／花アンズ、実イチジク…91／実ヒメコウゾ、花タイサンボク…92／花・実ザクロ…93／花ネムノキ、アメリカデイゴ…94／花フヨウ、実ミズキ…95／実ヨウシュヤマゴボウ、実ハゼノキ…96／実ムラサキシキブ、実ナツメ…97／実ガマズミ、カキノキ…98／実カクレミノ、ヌルデ…99／実トキワサンザシ…100／実マユミ、トウネズミモチ…101／実マツ、ウメモドキ…102／実ミカン、花ヤツデ…103／花ビワ、アロエ…104／花サザンカ、ツバキ…105

おわりに　小宮輝之 …… 106

メジロのきほん

和名：

（おもな漢字表記：目白）
分類：スズメ目メジロ科メジロ属
学名：*Zosterops japonicus*
英名（一例）：Warbling white-eye
分布：日本、韓国、台湾、中国、インドシナ半島
留鳥・漂鳥[*1]
全長[*2]：12cm
翼開長[*3]：18cm
体重：11g

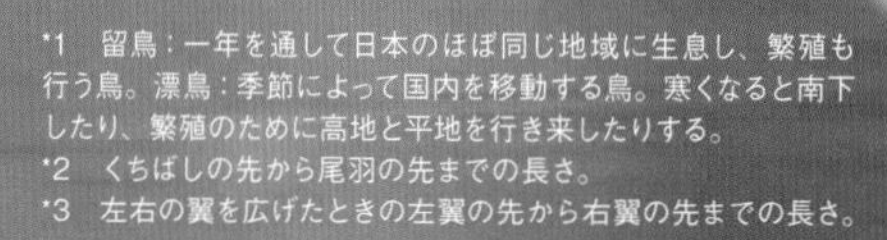

*1　留鳥：一年を通して日本のほぼ同じ地域に生息し、繁殖も行う鳥。漂鳥：季節によって国内を移動する鳥。寒くなると南下したり、繁殖のために高地と平地を行き来したりする。
*2　くちばしの先から尾羽の先までの長さ。
*3　左右の翼を広げたときの左翼の先から右翼の先までの長さ。

昔から可憐な姿と鳴き声で人々を魅了してきたメジロ。しかし、知名度のわりに、そのくらしぶりなどについてはほとんど知られていません。そこでここではまず、メジロの基本的な情報について見ていきましょう。

メジロってこんな鳥

渡り区分と分布

冬から春にかけて庭先や公園の木の枝で「チー、チー」「チーチュルピーチュルチーチュル」(*1) と鳴いている鮮やかな黄緑色の小鳥、それがスズメ目メジロ科メジロ属に分類されるメジロ*Zosterops japonicus*です。日本で繁殖を行う留鳥または漂鳥として一年を通して全国各地で姿を見ることができますが、北海道、本州北部などでは繁殖したあと南方に渡って越冬する夏鳥となります。

*1 前者が一年を通じて日常的に発する単純な「地鳴き」、後者が繁殖期に発する複雑な「さえずり」と呼ばれる鳴き声です。

世界的に見ると、伊豆諸島、小笠原諸島、南西諸島を含む日本、韓国南部沿岸と済州島、台湾、海南島を含む中国南部、インドシナ半島北東部にかけて分布している、欧米の人からすると珍しい鳥です。

なお、日本では身近な鳥といえるこのメジロ、一般にはあまり知られていませんが、外見の少しずつ異なる亜種が複数存在します。現在、日本国内に6亜種 (亜種メジロ、シチトウメジロ、イオウトウメジロ、シマメジロ、リュウキュウメジロ)、国外に2亜種 (ヒメメジロ、ハイナンメジロ) の計8亜種がいるとされており、それぞれの分布は77ページの図のようになっています。

メジロの生息環境

地面、樹木、水辺、空――鳥がよくいる場所は大きく4つの周辺エリアに分けられ、種によって異なります。そのおもな理由は採餌のためですが、都市部、市街地などでも姿を目にすることのできるいわゆる「身近な鳥」を例に挙げると、顔ぶれはそれぞれ次のようになります。

メジロと「混群（→P32参照）」をつくることもあるコゲラ（左）とシジュウカラ。

・地面……スズメ、カワラバト（ドバト）、ムクドリ、ハクセキレイ、ツグミなど。
・樹木……キジバト、モズ、オナガ、ヒヨドリ、コゲラ、シジュウカラ、ウグイス、ジョウビタキ、カワラヒワ、キビタキなど。
・水辺……カルガモ、カワセミ、サギの仲間など。
・空……ツバメ、ハシブトガラス、トビ、オオタカなど。

この4エリアでいうと、メジロがいるのは樹木周辺です。メジロはもともと平地から山地の林を中心に生息する森林性の鳥（*2）なのです。

メジロ科の鳥は熱帯起源なので、メジロもかつては日本の南の地域に多かったのですが、ムクドリなどと同じく時代が下がるにつれて次第に北へと分布を拡大していき、全国区の身近な鳥となりました（*3）。

そんなわけで、メジロはほとんどの時間を樹上で、枝にとまったり、枝から枝を行き来したりして過ごしています。そこで花の蜜を吸ったり、木の実を食べたり、葉や幹につく虫を食べたり、さえずったり、葉の陰に隠れて休んだりするのです。

*2　メジロと同じく身近な鳥となっている森林性の鳥には、シジュウカラ、ウグイス、コゲラなどがいます。

*3 「東京都鳥類繁殖分布調査」によると、メジロは90年代からの20年間で分布が拡大したと確認される鳥のトップ3にガビチョウ、ハシブトガラスとともに挙げられています。

メジロのからだ

見た目の特徴

メジロの全長はスズメ（約14cm）よりひとまわり小さい約12cmで、体重は約11g。翼開長（*1）は18cmほどです。翼は短めで、尾羽は長くも短くもない、全体的にはスズメに似たシルエットですが、くちばしは細く尖っています。羽色は頭部とからだの上面が黄緑色で、のどと胸の上部は黄色。胸の下部から脇にかけての腹側は褐色みを帯びた白色で、風切羽の先のほうや尾羽には暗褐色が見られます。足とくちばしは灰褐色です。メスとオスは同色ですが、オスは黄色みが強いともいわれます。

目の周りには、この鳥の和名の由来であり、いちばんのチャームポイントともいえる環状の白色部（アイリング）があります。これは緻密に生えた白い羽毛です。メジロの漢字表記には「目白」（「眼白」とも）のほか、漢語から来ている「繍眼児」がありますが、これは“眼”の周りに刺“繍”（縫い取り）をしたような“児”（小さいもの）という意味です（*2）。ちなみに巣立ったばかりのひなの羽色は親と同じく黄緑色ですが、メジロ最大の特徴であるアイリングを形成する白い羽毛はまだ生えそろっていません。巣立ち後も子はしばらく親にえさをもらいながら行動をともにしますが、その間にもだんだんアイリングができていくのがわかります（*3）。

*1 翼を開いた状態での左翼と右翼の先端の間の長さ。

*2 メジロの中国語名は「繍眼鳥」。「白眼鳥」「緑繍眼」ともよばれます。

*3 P38上、P39左上の写真の巣立ちびなのアイリングはもう少し先のようです。P39下写真のきょうだい、特に左の子はかなりできてきました。

花蜜食ならではの形態

メジロは花の蜜や果実を好みますが、その形態も花蜜食に適応したものとなっています。花に差し込んで蜜を吸

いやすい細いくちばしに加え、舌先はブラシ状になっており、筆が水分を含むように蜜をこぼさない構造なので効率的に採食できるのです。メジロの花蜜食行動は、花粉を運んで受粉を助けるため、花にとってもメリットのあるものです（*4）。

なお、メジロの翼や尾羽も、花の蜜や果実を採食するために草や木にとまったり、枝から枝へと動きまわるのに都合のいい形状をしています。短い翼は、飛行速度は遅いものの、急旋回や急な角度での飛び立ちが可能となるなど小回りが利き、長径と短径の比が小さい楕円形なので、すばやく飛び立つこともできます。

また、長くも短くもない尾羽は、森林の枝葉の間などでじゃまになることなく、移動にともなう方向変換や安定性を保つための働きはしっかり行うことができます。

このように、メジロの翼や尾羽の形状は、障害物をたくみによけながら移動できるほか、天敵から逃れる際も有利になると考えられます。

*4　スズメもサクラなどの花蜜が大好物ですが、穀物食に適応しているスズメのくちばしや舌は蜜を吸うことには向いていません。そこで花ごとつまみ取り、くちばしでくわえて蜜を吸います。この行動は花粉を媒介しないため、「盗蜜」といわれます。なお小笠原諸島にいるメジロは、ハイビスカスやセイロンベンケイ（トウロウソウ）などから「盗蜜」することが知られています。これらの花が大きくくちばしが届かないからか、花の付け根に穴を開け、そこからくちばしを差し込んで蜜を吸うのです。

メジロスタイルI 枝から枝へ―― 跳ぶ、飛ぶ！

メジロはスズメのように地上で食べものを探すことはほとんどありません。花や木の実めがけて枝から枝へと飛び移ったり、休んだり。一日の大部分を樹上で過ごします。細い枝にぶら下がってのアクロバティックなポーズも日常茶飯事です。

メジロの食べもの

いちばんの好物は花の蜜

鳥の食べものはその種によってさまざまですが、メジロが特に好んで採食するものといえば、花の蜜（*1）。16ページで触れたように、メジロは花蜜食の鳥で、くちばしや舌もそれに適応したつくりになっているのです。なかには花の蜜を求めて南から北に移動するなど、花期に合わせて行動するものもいます。

*1　花の蜜を好むことから、地方によっては「はなすい（花吸い）」などの別名でも親しまれていました。

早春からのウメ、モモ、サクラの開花シーズンは、庭先や公園など身近な場所にもよく植えられているこれらの樹木を訪れるメジロを見かけることができる季節です。木陰にいることの多いメジロも、このときばかりは陽の下で思う存分蜜を堪能するため、無心に採食する姿をじっくり観察できるチャンス。特にソメイヨシノ（*2）はヒヨドリやスズメなど多くの鳥が集まってくるので、それぞれの花蜜の採食を見比べることもできます。

*2　日本のサクラの8割以上といわれるほど全国に植栽されている品種。日本各地の桜の開花予想日を結んだ「桜前線」も、おもにこのソメイヨシノについていわれます。

子育て期や冬季は……

メジロの花蜜のように、鳥にはそれぞれ好んで食べるものはあっても、植物食、動物食とはっきり食性を分けられる種はあまりありません。おもに植物食であっても繁殖期を中心に動物食が見られる鳥が多いのです。これは動物性たんぱく質でひなのからだづくりや成長などをうながすためと考えられています。メジロもその例にもれず、育雛期は昆虫やクモなども精力的に捕食し、せっせとひなに与えます。

実りの秋には、カキやアケビ、サンザシ、ナンキンハ

木の幹についたカイガラムシを停空飛翔（ホバリング）しながらついばむメジロ。

動物性たんぱく質を摂取すべく樹上やアシ原で熱心に虫を捕食するメジロたち。右上は、ツバキの花蜜を吸いにきたと思いきや虫をくわえて現れ撮影者をびっくりさせた1枚。

ぜなど庭木の果実や種子を好んで採食します。そして花や木の実などが少なくなる冬季には、木の幹や葉裏、アシ原のアシの茎についた虫を採食したりもするのです。

メジロの痕跡を探してみよう

冬から春にかけて、メジロはサザンカ、ツバキ、ウメ、モモ、サクラ、アセビ……次から次に花を開く木々をめぐって花の蜜を吸います。一年でいちばん活き活きしたメジロの姿が見られるのは、この時期かもしれません。

なお、常緑広葉樹のサザンカやツバキなど、冬季に蜜を採食できるためメジロがよく訪れる花の花弁に、黒い点状の傷が付いていることがあります。これは虫食いや花の病気などではなく、その多くはメジロが蜜食をした痕跡（右写真）。メジロが花弁にとまって蜜を吸う、その足場にしたときのつめ跡なのです。意識して探してみると、蜜を吸いに再訪するメジロに会えるかもしれません。

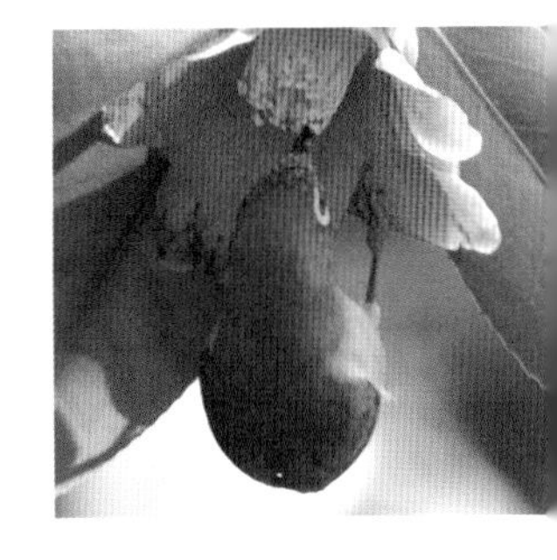

メジロの一日

基本の行動いろいろ

メジロに限らず、野鳥たちの日々の過ごし方は、大きくいえばほぼ同じです。採食に排せつ、休息、からだのメンテナンス。もちろん捕食者などへの警戒も怠りません。その行動はすべて、今日を無事に生き延びるためのものです。

とはいえ、目的は同じでも具体的な方法はもちろん種によって異なります。ここでは、メジロスタイルによる一日の行動について見ていきましょう。

繰り返しになりますが、メジロは一日の大部分を樹上で過ごします。繁殖期以外は十数羽程度が群れになって行動することが多く、地鳴きを交わしながら縄張り内の草木を採餌しながら渡り移る姿が見られます。また、秋から冬にかけてはカラ類などと「混群」を形成することも少なくありません（→P32参照）。群れになるのは、被食者である小鳥たちが身を守る方法のひとつなのです。

繁殖期になると、メジロはペアで分散して行動するようになります（*1）。2羽で鳴き交わしながら木々を移動して採餌したり、木陰で寄りそって休んだり、「相互羽づくろい」（*2）をしたり、周囲を警戒したり——メジロのペアは基本的に生涯同じパートナーで夫婦仲がよいといわれますが、実際、その様子はとても仲睦（むつ）まじく映ります。ただ、それはあくまでも人間の見方です。同じペアで繁殖するのは、子育てを成功させたという経験値、パートナー探しの労力や時間を子育てに集中できるという効率面などから導き出された、運命共同体としてのメリットに基づく行動なのかもしれません（が、メジロのペアがかわいく情愛豊かに見えるのはまぎれもない事実です）。

*1　非繁殖期に群れにいるときも、ペアの2羽はほとんど一緒に行動します。また、非繁殖期でもペアや単独で行動するメジロもなかにはいます。

*2　くちばしで羽づくろいができない頭部は足指でかきますが、ペアのパートナー同士がくちばしでおたがいに羽づくろいしあうことをこうよびます。メジロのほかカラスやハトの仲間にも見られます。

上空を熱心に警戒中（上）。樹上にいることが多いメジロですが、天敵に見つかりにくい草の陰でえさを探したりひと休みすることも。

重要なからだのメンテナンス

毎日行われる羽づくろいや水浴び。これらも身だしなみではなく、命を守るための重要な仕事です。羽づくろいは、羽毛が担う保温や飛翔のための機能を発揮させるため、ごみなどを取り除き、羽の並び、繊維の流れをきれいに整えるもので、日に何度も行われます。水浴びは、からだの汚れや寄生虫などを除去して健康を保つためのものです。小鳥たちの水浴びに都合のいい水深、安心できる環境にある水場には、複数の種が集まります（*4）。

なお、汚れの除去といえば、メジロなど晩成性の鳥のひなのなかには、給餌で親が巣に戻ってきたタイミングで排せつ物を体内で袋状の薄い膜に包んだ「糞嚢（ふんのう）」を排出する習性があります。親はそれをくわえて他所に捨てにいきますが、これも巣を汚さず、病気を遠ざける意味があると考えられています。

*4　→P28参照。樹木の豊かな庭などに水場を設置すると、人間にとっても大切なひとときを生んでくれます。

メジロスタイルⅡ

水浴びの時間
――仲間と、他種と

からだをきれいに健康に保つための水浴びは鳥たちの大切な日課のひとつ。雨のあと草むらに出現した水たまりなどでもさっそく水浴びをする姿が見られます。安心して水浴びできるスポットは、メジロだけでなく多くの野鳥たちに大人気です。

メジロの子育て

ペア誕生から営巣〜産卵へ

早咲きのウメの花が開き、「ホーホケキョ」という有名すぎるさえずりが聞こえだすころ、メジロのオスも「チーチュルピーチュルチーチュル」とさえずりはじめます(*1)。

他の多くの鳥と同様に、4〜7月ごろ、日本中が緑に包まれる春から夏の間がメジロの繁殖期です。さえずりなどのオスのアピールをメスが受け入れ、ペアになった2羽は、平地から低山帯の林で産卵と子育てを行うための巣をつくります。なかには都市部の住宅地の庭先や公園の植え込みなどに営巣するペアもいます。

メジロの巣は小さめの子ども用茶碗くらいのサイズと形状で、コケや細い枯れ草、ススキの穂、ビニールひもなどにクモの糸をからめて形成され、地上から1.5〜10mほどの高さに位置する木の2本の細い枝の間や木の股に、クモの糸を使ってハンモックを吊る要領で設置されます。巣の内側、卵の乗る産座にはやわらかな素材を敷きつめ、外側には青いコケをクモの糸で密着させます(*2)。この外装で巣は木の葉にまぎれてより見つけにくくなるのです。

そうして完成した巣で、メジロのメスは卵を3〜5個産みます。ひと通り産卵が終わると、そこから約11日間、オスとメスは協力しあって抱卵します(*3)。

なお、メジロに限らず繁殖期の鳥たちは、通常よりも非常に警戒心が強くなります。巣に人間が過度に近づいたり長時間その場にとどまると、親を刺激するだけでなくカラスなどの天敵に見つかることにもつながります(*4)。巣を見つけても近づき過ぎないよう、できるだけすみやかに立ち去るよう心がけましょう。

*1 メジロの鳴き声も大きくはありませんが美しく、その姿とともに飼い鳥として人気を集めた理由のひとつでした。

*2 内巣ともよばれる産座に敷く素材は、シュロの毛、チガヤの穂、枯れ草、葉や樹皮など。内巣、外巣ともに巣材は営巣する地域や場所により多少異なりますが、接着にクモの巣を多用するのは共通です。

*3 卵は純白もしくは淡青緑色で、長径1.7cm×短径1.3cmほど。抱卵はメスがすべての卵を産み終わるとスタートします。多くのメスの親鳥の腹側には「抱卵斑」とよばれる羽根が抜け落ちて皮ふが露出した部分があり(→P52写真)、直接卵に皮ふを密着させることで高体温で卵を温めることができます。

*4 繁殖中のメジロの天敵は、ヘビやカラス、ネズミ、ネコ、テン、イタチ、木登りがうまく都心部にも増えているハクビシンなど。カラスは人間の行動を見て被食者の巣を探し当てるともいわれます。人間も天敵にならないよう気をつけたいものです。

巣を出入りしながら熱心に営巣しているメジロ（上）。繁殖の終わった巣（下）。強風などで落ちているのを見かけることも。メジロの巣は基本的には再利用されません。

アイリングもでき、ひとり立ちはしたものの、まだあどけない表情の幼鳥（第1回冬羽に換羽する前までの段階）。メジロは幼羽から第1回冬羽への換羽は翼と尾を含む完全換羽です。

ふ化〜巣立ち、そしてひとり立ち

文字通り熱のこもった抱卵で無事卵がかえると、ここからまた親の新たな仕事がスタートします。メジロのひなは晩成性で、生まれてすぐは目が見えず羽毛も生えそろっていない状態なので、親からえさをもらわないと生きていけないのです。今度は巣立ちの日まで、親はひなにせっせとえさを運びます。

イモムシなど昆虫が多めのえさを食べて日に日に大きくなったひなたちは、ふ化してから約11〜12日で巣立ちの日を迎えます。しかし巣立ったばかりのひなはうまく飛んだり、えさをとったりできません。そこで親は巣の外でも給餌などひなをしばらくサポートします。

その後、親からひとり立ちした幼鳥たちは、5〜10羽程度で群れて生活します。寝るときは 同じ枝にとまり、からだをくっつけあって休みます。

メジロの集団行動

「目白押し」はこんな習性から

　メジロの多くは、繁殖期以外は群れで行動します。その年の繁殖がひと段落すると、それまでペアで行動していたメジロたちも群れに合流し、日中は仲間と縄張り内を移動しながら採餌などにはげみ、日暮れ時に林などに戻って木の枝にとまり集団で眠りにつくのです。

　このとき、あとからやってきたメジロは先にいた仲間と同じ枝にとまるべく、割り込むような行動も見せます。メジロのペアが寄りそう姿は微笑ましいといわれますが、メジロはパートナー以外と密着することも、苦にするどころか、よしとするタイプのようです。

「目白押し」という言葉は、多くの人やものが並んだり込みあったりした状態、物事がいくつも続くことを指しますが (*1)、これは複数のメジロが集まって押しあうように一本の枝に並ぶ様子が語源とされています。

*1　メジロの様子をまねて大勢で一列に並んで押しあう子どもの遊び「目白押し」が先にあり、そこからこうした意味が派生していったともいわれています。

「混群」が発揮する力とは？

　メジロはまた、繁殖期の終わった秋から冬にかけて、他種の小鳥と一緒に行動することもあります。これを「混群」といいます。主要メンバーはシジュウカラ、ヤマガラなどのカラ類 (*2) で、これにエナガ、コガラ、そしてメジロなどが加わるのです。混群は森林や都市公園のほか、小さな河川沿いなどごく身近な場所で見られたりもしますが、遭遇できるかどうかは運次第。ただ、大雪のあとなどでは混群の規模は大きくなり、いつもは混群に入らない種が参加していることもあるようです。

*2　高地になるにつれコガラ、ヒガラ、ゴジュウカラ、キクイタダキなどの顔ぶれが加わります。

キクイタダキ

小鳥たちが混群をつくる理由としては諸説があり、まず集団で過ごすことで捕食者の目を分散させる保身上のメリットが挙げられます。実際、群れでいる相手に対するオオタカやハヤブサなど捕食者の狩りの成功率は、非常に低いとされています。そのほかのメリットとしては、採餌効率を上げるということがいわれています。鳥は種ごとに採食内容に特徴がありますが、共通の食べものも少なくありません(*3)。他種と行動することで安全なえさ場の新規開拓もできているのかもしれません。

なお近年、混群を構成する小鳥たちが鳴き声で驚きのコミュニケーションをとっていることが研究により明らかになってきました(*4)。これまでも他種の発する警告音である鋭い地鳴きなどはそうと理解していたようですが、単語だけでなく文章のコミュニケーションが行われていたというのです。今後も鳥たちの音声コミュニケーション研究はさらにホットな話題を提供してくれそうです。

*3　カラ類同士であればなおさらです。シジュウカラは、混群で行動している同種はもちろん、別種の鳥が見つけたえさまで横取りする傾向のあることが観察されています。

*4　京都大学白眉センター特定助教の鈴木俊貴さんにより世界で初めて証明された単語や文章を操る鳥（シジュウカラ）の音声コミュニケーション能力は、2021年5月放送のNHK『ダーウィンが来た！』ほかで広く紹介され、鳥好きのみならず多くの人の関心を集めています。

VISUAL CALENDAR メジロごよみ［暦］

春夏秋冬365日、にっぽんのメジロはどう過ごしているのでしょう。ペアで仲睦まじく、今年生まれの子とその親、仲間と一緒に。四季折々の活き活きとしたメジロたちの姿をとらえた写真とともに紹介します。

メジロの春

SPRING

3・4・5月

ウメに続いてモモ、サクラなどが次々に花開く3月から4月にかけては、花々と同じくメジロもいちばんの「見ごろ」。枝にとまって一心に花蜜を吸う可憐な姿を見せてくれます。早春、「チーチュルピーチュルチーチュル」とオスの美しいさえずりで幕を開けた繁殖期は、ここから一気に忙しくなります。パートナーを得てペアとなった2羽は、巣づくりにはげみます。二股(ふたまた)になった枝などにハンモックのようにかけられた小さなお椀型の巣が完成すると、いよいよこの年最初の子育てのスタートです。巣でメスが3〜5個の卵を産み終わると、続いて抱卵へ。オスとメスは交代しながら卵を温めます。

メジロの夏

SUMMER

6・7・8月

卵からひながかえると、親は昆虫などのえさをせっせと運んできて与えます。ふ化から約11～12日後、1gほどだった体重が親と同じ11gくらいになると、ひなは巣立ちの日を迎えます。

しかし、巣立ってばかりの巣立ちびなはうまく飛べず、えさもとれません。しばらく親から給餌などのサポートをうけたのち、ひとり立ちとなります。その後は群れで行動し、夜間は同じ枝の上でからだをくっつけあって休みます。

一方、親は次の繁殖のスタートです。7月までは産卵～抱卵を行い、そのひなたちをひとり立ちさせた8月、この年の繁殖期は終わりを迎えます。

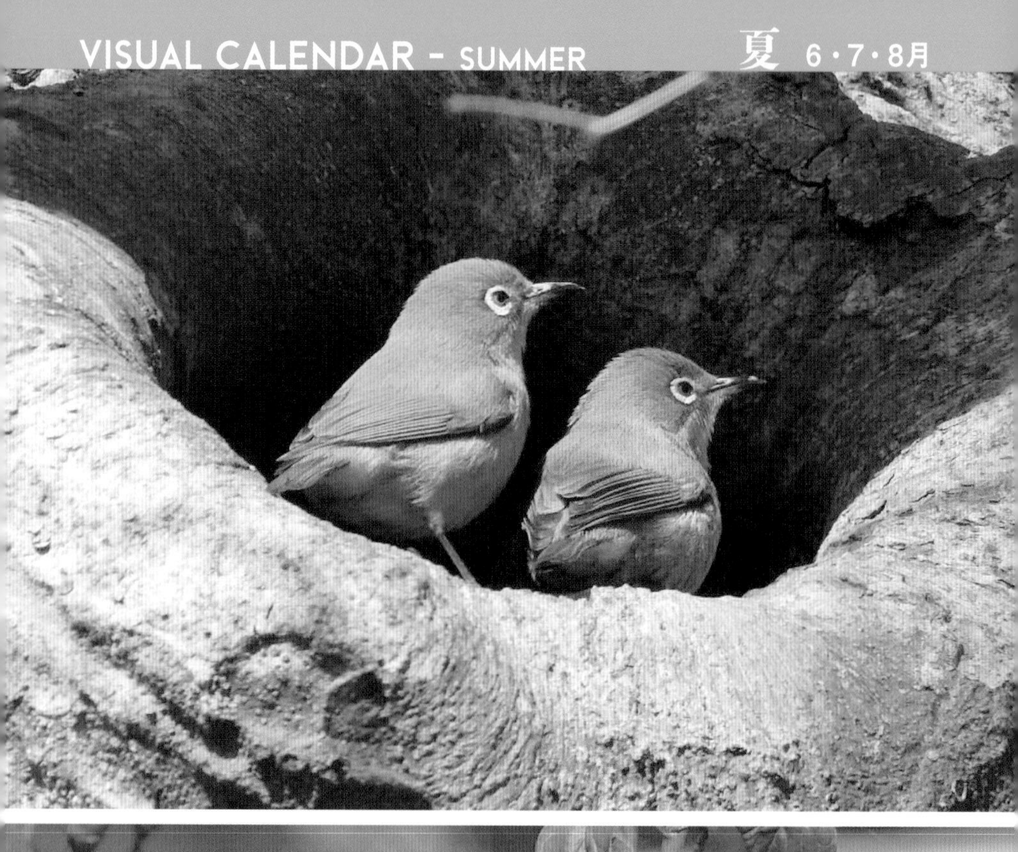

9・10・11月

林や市街地で食べものを探したり、ねぐらで休んだり。基本的に繁殖期以外は群れで仲間と生活をともにするメジロたち。群れから離れ、パートナーと子育てにはげんでいたペアも、この時期、群れに合流します。また、メジロ以外の鳥たちと混群をつくって一緒に行動することもあります。木の実が豊かになる秋には、熱心に実をつつく姿が多く見られますが、その時期も終わりになると、アシ原のアシや草木につく虫を精力的に捕食します。

秋の終わりから初頭にかけての寒い時期に花を咲かせる常緑樹のサザンカは、メジロたちにとって冬場に花蜜が採食できるうれしいえさ場です。

メジロの冬

WINTER

12・1・2月

愛鳥家が設置するバードフィーダーは、さまざまな野鳥たちが行き交うホットスポット。冬場は特に豊かな鳥模様が見られます。枝に刺されたミカンには、メジロとヒヨドリがよくやってきます。

また、保温のために羽毛の間に空気を取り込んで丸くなった「ふくら雀」姿が人気を集めるスズメと同じく、ふくらメジロや目白押し（密着）メジロたちが枝上に多く出現するようになります。野鳥にとっては厳しい時期ですが、サザンカに続き、ツバキ、そしてウメ、モモ類の花が早咲きの種から開きだすなど、春の足音は着実に近づいています。メジロのオスのさえずりももうそろそろでしょうか。

メジロのなるほど

聞いたことがあるような気もするけれど、結局よくわからないままだったかも。ここではメジロにまつわるそうした話題をピックアップ。素朴な疑問をひもときながら、メジロとその周辺のあれこれに迫ります。

この鳥たちとの関係

メジロとよく語られる鳥とは

南北に長く幅広い気候帯を有する日本では600種以上の野鳥が確認されており、そのうち約280種が繁殖しているといわれています（*1）。このなかから異なる種が同じ話題にのぼる場合、その理由としては、分類的に近かったり、生息環境や行動が似ていたり、天敵と被食者だったり、人間との関わりが似ていたり……といろいろですが、この項ではメジロと近しいとされてきた、また実際に近くで見られることの多い、ウグイス、ヒヨドリ、カラ類、エナガといった鳥について見ていきましょう。

*1　この数は国土面積に比して非常に多く、その背景には島国である日本の長い海岸線や、亜熱帯から亜寒帯までの変化に富んだ環境などがあると考えられています。

メジロ × ウグイス

2種が混同されがちな理由（ワケ）

日本でいちばん知られている鳥の鳴き声といえば、春先によく聞かれる「ホーホケキョ」。このさえずりで「日本（にほん）三鳴鳥（さんめいちょう）（*2）」の筆頭にも挙げられるのが、ウグイスです。ウグイス科ウグイス属に分類される全長14cm（メス）～16cm（オス）のスズメほどの大きさの鳥で、留鳥または漂鳥として全国に分布しています。メジロと同じくもともとは森林性ですが、適応力の高さで山地から平地の人家近くの林などにも生息域を広げてきました。

このウグイスとメジロ、見た目での識別の難易度は高くないはずですが、最も間違われやすい2種となっています。ウグイスはさえずりこそ有名ですが、姿は一般にほとんど

*2　日本に生息するさえずりが美しい鳥類スズメ目のウグイス、オオルリ（さえずりの例：「ピーリリ、ジェッジェッ」）コマドリ（さえずりの例：「ヒンカラララ」）、の3種を指した呼称。かつては飼い鳥としても高い人気を誇りました。

オオルリ

コマドリ

知られていません。警戒心が強く、やぶの中を好むウグイスは、声はすれども姿は見えない鳥の筆頭だからです。それに対し、ウグイスのさえずりが聞こえだす早春、花の蜜を吸いによく人目につく場所に現れるようになる鳥がメジロ。ウグイスの声を耳にしたあとメジロを見て勘違いする人が多いのはしかたのないことかもしれません。

とはいえ、ウグイスとメジロを誤認が増える理由はまだまだあります。なかでも要因と考えられるのが「うぐいす色（鶯色）」と「うぐいす餅（鶯餅）」です。じつは両者は多くの人が認識している色と、本来の色に差が生じているのです。うぐいす色はもともと灰色がかった緑褐色ですが、現在はそれよりもかなり明るいくすんだ黄緑色、つまり現在のうぐいす餅に広く使用されている「青きな粉」の色を思い浮かべる人が少なくありません。

ちなみに「鶯餅」は豊臣秀吉の命名だそうですが、現在も販売されているその鶯餅の原型ともいえる商品には、「青大豆」のきな粉が使用されています（*3）。しかしそ

*3「黄大豆」とよばれる一般的な大豆に対し、青大豆は成熟しても皮と中身が青いのが特徴です。上写真は発色のいい青きな粉を使用したうぐいす餅の一例。

れは本来のうぐいす色に近い褐色で、鮮やかな緑色ではありません。鮮やかな緑色は「うぐいす粉」ともよばれる青きな粉の色で、これがまさにメジロ色。青きな粉のメーカーが青大豆の焙煎温度に工夫を重ねて発色に成功したものなのだとか。このきれいな緑色をした青きな粉を用いたうぐいす餅が主流になったことで、うぐいす色のイメージの変化に拍車がかかったのです。

このほか、江戸時代から庶民の間で普及していたかるたの一種「花札」も、ウグイスとメジロの印象操作（?）にひと役買っていたと考えられます。花札の「梅に鶯」の札の絵に描かれた鳥の羽色は、やはりメジロ（*4）。「梅に鶯」の札名とともにこのビジュアルイメージが刷り込まれた人は多いはずです。こうして今日へと至る誤認へのお膳立ては着々と整えられていったのでしょう。

*4 「梅に鶯」という言葉自体は、取り合わせのよい、よく調和する、絵になるものの例を示したもの。松にとまる鳥はコウノトリでは？と言われたりする「松に鶴」と同様に、梅の木にとまる鳥＝ウグイスの意味ではないようです。実際、やぶの中などでおもに虫を採食することを好むウグイスが梅の木にとまることはほとんどありません。

メジロ × ヒヨドリ

えさ場での遭遇率ナンバー1（ワン）

尾羽が長いこともあり全長27.5cmとメジロの2倍以上のヒヨドリ。からだ全体は灰褐色で、尾羽は黒みを帯びており、頬部分の褐色と、少し青みがかった頭部の羽毛がぼさぼさしているように見えるのがチャームポイントです。熱帯を中心に生息していた祖先をもつこの鳥は、かつては日本の南方に生息し、夏に山で繁殖し秋には平地に飛来したりしていました。しかし南方のものが北上して留鳥となり都市部へも進出、1970年ごろからは都会でも一年中見られる「身近な鳥」となりました。北海道では秋に南下する夏鳥で、小笠原や沖縄など南の離島では独自に色彩が変化した亜種が複数確認されています（*5）。

繁殖期にはイモムシやハチ、イナゴなどの昆虫を多く

*5 ヒヨドリはかつて海を渡る移動もする鳥として知られていました。源義経が一ノ谷の戦いで平家を奇襲するために越えた「鵯越（ひよどりごえ）」という山道は、ヒヨドリの春・秋の渡りスポットだったことから名付けられたといわれています。

捕食し、草の葉や芽なども食べます。しかし基本的には果実食が中心で、メジロと同じく花の蜜も好み、花粉を運んで受粉を助ける花粉媒介者の役割を果たす代表的な鳥です。花が咲いた木の枝にぶら下がるようにとまったり、ときに花の前で停空飛翔（ホバリング）して細いくちばしを花の中に突っ込んで蜜を吸う、からだの大きさのわりに器用な鳥でもあります。

好物が同じなので、メジロがえさ場で最もバッティングしやすいのはこのヒヨドリで、えさが少ない冬場などに人間が設置するバードフィーダーでも、ムクドリやスズメなどとともに、高確率で遭遇します。他の鳥を追いはらうヒヨドリに対し、大きさの違いもあり、ほとんどの場合その場を譲るのはメジロですが、すきを見て採食しに戻ったりします。果物などを提供する人たちはヒヨドリにじゃまされずにメジロが採餌できる工夫をすることも少なくありません。

メジロ同様、ヒヨドリの舌も蜜を吸ったり木の実を食べやすい構造をしています。

メジロ × カラ類

「混群」を率いる主要メンバー

秋から冬にかけてメジロが一緒に行動することのある「混群（→P32参照）」の中心となるのがカラ類です。構成員はシジュウカラをはじめ、同じくシジュウカラ科のヤマガラ、コガラ、ヒガラ、ゴジュウカラ科のゴジュウカラなど。ここにエナガ、コゲラ、キクイタダキ、キバシキなどが加わります（*6）。一説に、混群の鳥たちは他種構成員から情報を得ているといわれますが、情報といえば、近年の研究でシジュウカラは、単語を使い分けたり、単語を組み合わせて情報を伝達していることがわかっています（*7）。昔話の「ききみみずきん」のような世界にわくわくしますが、鳥たちの話題は危険＆食に終始するような気もします。

*6　顔ぶれは気候や地域などにより入れ替わります。混群の中心となるのはシジュウカラ、そしてエナガが多く、メジロやヤマガラなどは混群の中でも独立性が高いといわれます。

*7　使い分け（鳴き分け）の例：タカ＝「ヒヒヒ」、ヘビ＝「ジャージャー」。単語を組み合わせた情報の例：「ピーツピ（警戒しろ）・ヂヂヂ（集まれ）」。

シジュウカラ

ゴジュウカラ

ヤマガラ

ヒガラ

メジロ × エナガ

「目白押し」VS「エナガ団子(だんご)」

誰しも見れば心奪われてしまうのが、「エナガ団子」。これは上の写真のように、同じ枝でくっつきあって親の給餌を待つエナガの巣立ちびなの様子から生まれた鳥ファン用語です。エナガは一度の繁殖で10羽近くのひなを育てますが、そのきょうだいはなぜかみんな「目白押し(→P32参照)」状態で枝にとまるのです。

じつはほとんどの野鳥は、巣立ってからはおたがいに一定の距離を保ち、ペア同士もこれほど密着しあうことはほとんどありません。しかしその例外が、エナガとメジロなのです。混群となることもある両者。他種同士で押しあうことはさすがにないでしょうが、そうでもしてくれないとかわいさ勝負はつきそうにありません。

メジロも好む甘い樹液をなめるエナガ。混群で行動していると、こうしたおいしいもののご相伴にもあずかれるのかも？　ちなみに「雪の妖精」として大人気のシマエナガは、北海道にのみ分布するエナガの亜種です。

メジロの目ヂカラ考察

鳥の目のスゴイ機能

　昼行性が大半を占める鳥類は、視覚・聴覚・嗅覚・味覚・触覚の五感の中では最も視覚が発達しています。視覚が重視される生物であることは頭に対する眼球の大きさなどからもうかがえますが、そんな鳥の目は、人間よりはるかに優れた機能を備えています。人に見えない紫外線領域を含む、より多くの色を知覚することができるほか、磁場を視覚化している種がいることもわかってきました(*1)。

　加えて、人間の目の中心窩（*2）は左右それぞれの目にひとつずつですが、鳥の目には2つずつあります。一方の中心窩で遠くにあるものに焦点をあてながら、もう一方で目の前にあるものの細部を認識することもできるのです。

*1　網膜に含まれている青色光受体により、弱い磁場変異を感知することができます。渡り鳥などの方向感覚の正確さは、この磁場の知覚が大いに関係していると考えられています。

*2　目の中に入ってきた光が焦点を結ぶ網膜の最も後方の部分（黄斑部）の中心にある、「ものを見る」部分。

動物の目のつくり（瞳孔の形）

一般に「白目」とよばれる部分

瞳孔（どうこう）一般に「黒目」とよばれる部分

虹彩（こうさい）

ヒト、イヌなど

ネコなど

ウマ、ヤギ、ヒツジなど

鳥類の目のつくり

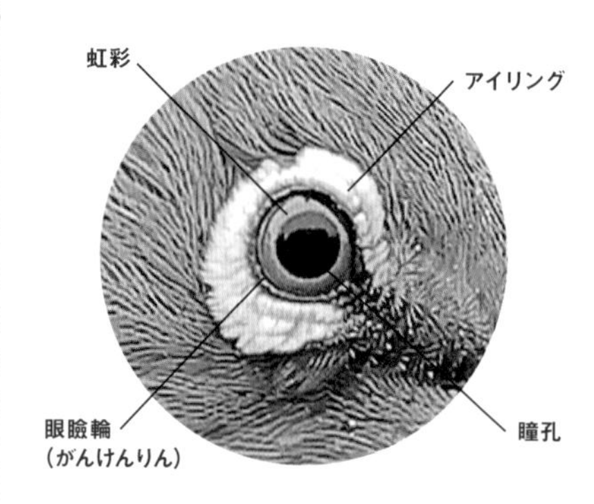

鳥類の目は瞳孔と虹彩のみで構成されており、左図の他の動物にある「白目」とよばれる部分は見られません。白目があるように見える鳥もいますが、それは色の薄い虹彩です。

また、鳥の多くは左目と右目が離れた位置にあるため、視野は330度と人間と比べると見える範囲は非常に広く、左右の目で違うものをとらえることができます（*3）。

*3　これにより捕食者をいち早く察知し、次の行動を起こすことが可能に。目が顔の両脇に位置する種など鳥の多くは、真後ろ以外はからだを動かさずに視認できますが、立体視できる範囲が少ないため、対象をよく観察するときは、その方向に片目を向けて注視します。

メジロのメジロたるゆえん

と、鳥の目のスゴイ機能についてはキリがないので、ここからは鳥の目の「見た目」を見ていきましょう。

鳥の目とその周囲は、顔の中ではくちばしと並ぶ個性の宝庫です。羽毛や皮ふ、虹彩の色、紋の形など出方はさまざま。オスとメス、親子で違う種も少なくありません。

そうした個性のひとつに、「アイリング」があります。

メジロの目ヂカラが強く感じられるのは、このアイリングの存在と、虹彩の色によるところが大。鳥はほ乳類などの白目にあたる部分がないので、虹彩の色が薄いと、瞳孔を強調し、目の表情がはっきりします。逆に虹彩の色が濃いといわゆる「黒目がち」に見え、やさしくかわいらしい印象に。いずれにしても、パンダの目の周りの黒縁や歌舞伎の隈取（くまどり）などと同じく、メジロのアイリングもなくてはならないものといえるでしょう。

なお、このアイリング、メジロの場合は目の周りに生えている白い羽毛部分を指しますが、「眼瞼輪」とよばれる目の周りを囲む縁の部分が色鮮やかで目立つ種は、そこを指していう場合もあります（*4）。

*4　眼瞼輪＝アイリングの代表的な例がブンチョウなど。ただし羽毛で輪が形成されているものは「アイリング」、まぶたの皮膚の外縁の場合は「眼瞼輪」と区別する場合もあります。なお眼瞼輪は性質上、すべて環状ですが、羽毛で形成されるアイリングは目の周りを囲んでいても目の前や後ろの斑につながっていたりと、丸いものは貴重だったりします。

くちばしと同じ鮮やかなブルーの羽毛で形成された、見本のようなサンコウチョウのアイリング。羽色のほか虹彩の色も異なる、ナベヅルの幼鳥（左）と親鳥。幼鳥のときは濃茶だった虹彩は成鳥になると目の上のワンポイントの羽毛と同じ赤色となり、華やかな印象に。

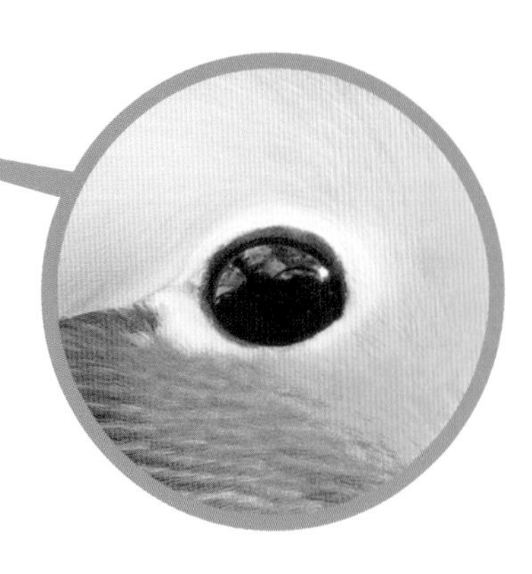

冠羽をはじめ全身が美しい色彩で彩られているオシドリのオス。その目まわりは、白いアイリングと暗褐色の虹彩の組み合わせ。アイリングが頭部の白い羽毛につながっているので、少し目が小さく見えます。

オシドリ

LET'S LOOK

くらべてみよう アイリングと虹彩

ガビチョウ

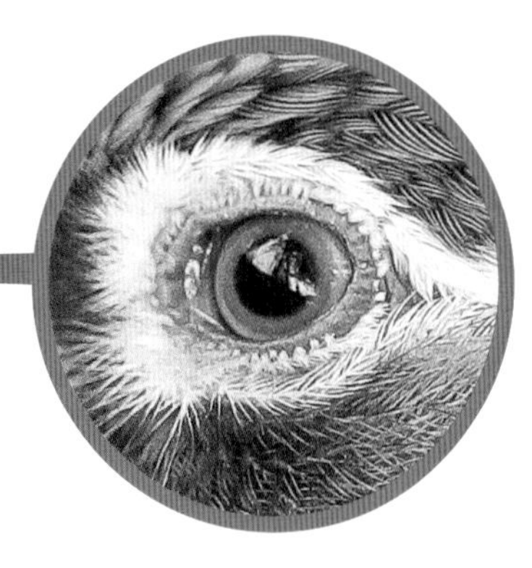

メジロと同じく目の周りに白いアイリングがありますが、白い羽毛が目の後ろから後頭部に向かってのびています。虹彩がメジロと似た薄い黄褐色もしくは黄緑色なので、瞳孔がよく見え、目ヂカラの強い印象。

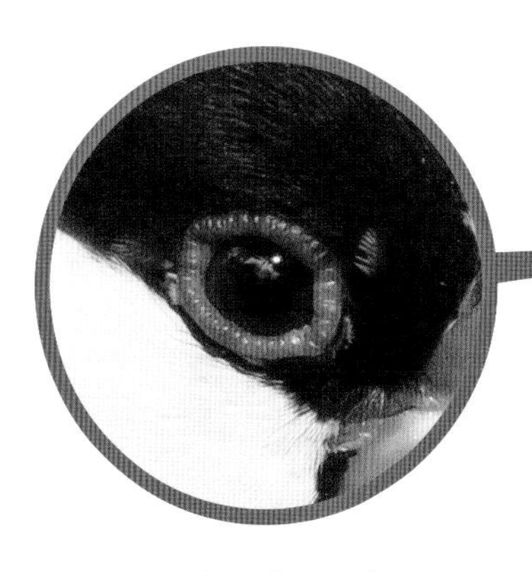

飼い鳥として人気のブンチョウのチャームポイントに挙げられる赤いアイリング。これは羽毛ではなく眼瞼輪。赤色は、表皮の下を流れる毛細血管の血の色が透けて見えているのだとか。虹彩は暗褐色。

ブンチョウ

鳥の「かわいい」「コワイ」イメージをつくるものに、小鳥、猛きん類、といった全体的な形態や性質などのほかに、目まわりの印象があります。ここではアイリングと虹彩に注目して、肉眼で確認するのは難しいその細部を見ていきましょう。

コハクチョウ

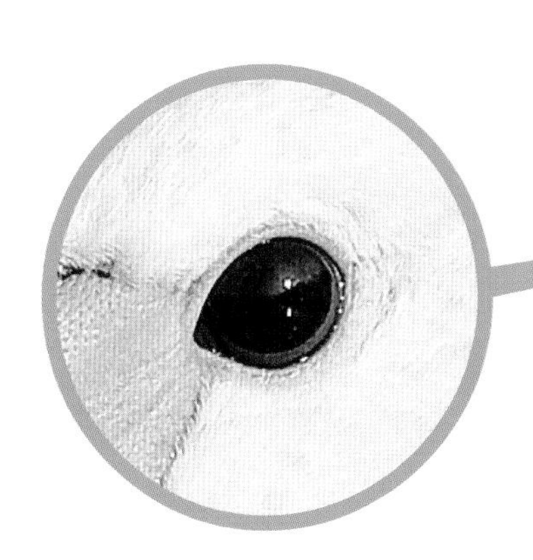

コハクチョウなどに見られるアイリングは少々珍しい（？）パターン。眼瞼輪のアイリングですが、これがくちばしの黄色の部分とつながっているのです。虹彩は暗褐色で、遠目に見ると目は小さく見えます。

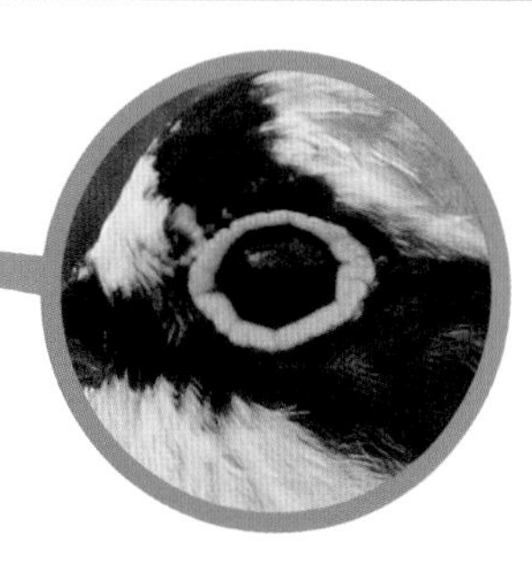

コチドリ

チドリ類では日本最小のコチドリも、アイリングのある鳥として有名です。そのアイリング（眼瞼輪）は、暗褐色の虹彩と目の周囲の黒斑に映える黄色。白の羽色との3色の配色がスタイリッシュです。

シロハラ

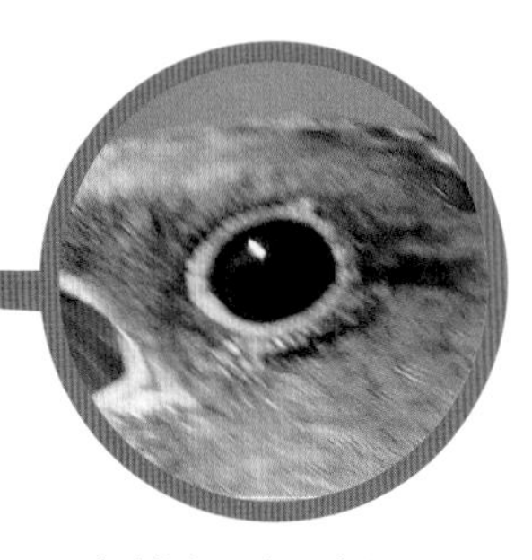

アイリングが黄色の鳥は少なくありません。ツグミ類のシロハラもそうで、全身はほぼ灰褐色で名前通り腹部は白色とシックな色合いですが、アイリング（眼瞼輪）とくちばしの黄色がチャームポイントに。

カリガネ　オニオオハシ

ブルーが強力な効き色になっているオニオオハシなど、アイリングの効果が実感される2種。

PHOTO COLUMN

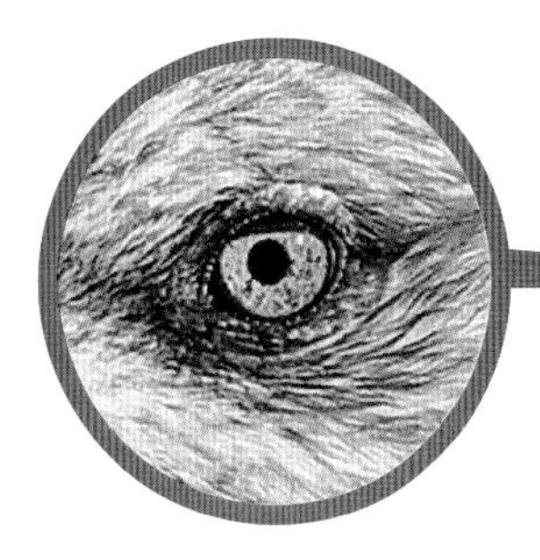

赤いアイリング（眼瞼輪）のあるカモメの仲間。くちばしの先端に見られる赤色も特徴的です。カモメのなかには虹彩が濃色のものもいますが、多くはこのセグロカモメのような淡色で「コワイ」印象の目です。

シメ

繁殖期にシルバーメタリックに輝く太いくちばしと目ヂカラで、強烈な存在感を放つシメ。瞳孔の目立つ淡色の虹彩、それを強調する黒いアイリングから続く黒斑がその目ヂカラを演出しています。

インコとオウムの仲間の目まわり事情

　種の多くが群れをつくって生活するなど生態では共通点の多いインコとオウムの仲間。しかし大きさや羽毛の模様などその形態はさまざま。目の周囲も、羽毛もしくは眼瞼輪のアイリングがあったり、羽毛がなく皮ふが露出していたり、その一部に模様のように羽毛が生えていたりと、個性派大集合です。

LET'S LOOK
もっとくらべてみよう 鳥たちの虹彩

ガラパゴスコバネウ
飛翔能力のないウの見事なエメラルドグリーンの虹彩。

オスとメスで虹彩の色が異なる種は、ほかにもツミ（オスは暗赤色、メスは黄色）、ハイタカ（オスが黄色より橙色が強め）、ハシビロガモ（オスは黄色、メスは褐色）などが知られています。

メジロと日本人

見た目と声で人々を魅了

メジロは留鳥または漂鳥として全国で会える、日本人にとって身近な鳥です。複数の地域で県、市町村の鳥にも選ばれています（*1）。

*1　県の鳥…和歌山県、大分県。市の鳥…東京都調布市、京都布長岡京市、東京都武蔵村山市、千葉県印西市、岡山県井原市・瀬戸内市、和歌山県田辺市、徳島県三好市など。沖縄県名護市の鳥はリュウキュウメジロ。

現在は鳥獣保護法により許可のない野鳥の捕獲、飼育は法律で禁じられていますが、容姿が愛らしく鳴き声が美しいメジロは、その昔、飼い鳥としても広く親しまれていました。それは庶民文化が花開いた江戸時代から、比較的最近の平成に至るまで続いていたのです。順次減少していった愛玩飼育目的の捕獲許可対象鳥類で、最後まで残ったのがメジロだったということは、それだけ飼い鳥としてのニーズが高かったことを示しています（*2）

*2　2011年の「鳥獣の保護を図るための事業を実施するための基本的な指針」改正で愛玩飼育のための捕獲が禁止されました。それまではメジロとホオジロの2種が一世帯1羽のみ（1999年～）、メジロ1種が一世帯１羽のみ（2007年～）と条件付きで認められていました。

なお昔の日本人は、飼育などで身近に接していたためか、自然の生きものや現象に敏感だったからか、現代人よりはるかにメジロをはじめとする野鳥の生態に詳しかったようです。右ページの印刷物はともに江戸時代に発行されたものですが、『絵本百千鳥（えほんももちどり）』でメジロと同じ図に描かれているのは、メジロと同じく森林性で混群で一緒に行動することもあるエナガ。近しい関係の2種を競演させているのです。また、『鳥つくし』のような玩具絵（おもちゃえ）などで、大人だけでなく子どもも、身近な鳥の名前を確認したり覚えたりしていました。32ページで「目白押し」という遊びと言葉について取り上げましたが、これも大勢で押し合うように枝に並んでとまるメジロの習性をよく知っていたからこそ生まれたものといえます。

メジロをよく知る人の中には、野生のメジロを巧みに呼び寄せることのできる人もいました。群れで行動すること

メジロを描いた絵画

喜多川歌麿 画、赤松金鶏 選「えながめじろ」『絵本百千鳥』(江戸時代後期) 収録。国立国会図書館蔵(国立国会図書館デジタルコレクション)
ひとつの図に2種の鳥が描かれ、それを題材に狂歌師の赤松金鶏が選んだ狂歌2首が添えられた、本来は全15図からなる絵本。

落合芳幾 錦絵、辻岡屋文助 版「新板(新版)鳥つくし」(嘉永5年) 国立国会図書館所蔵(国立国会図書館デジタルコレクション)
江戸〜明治時代に子どもの遊び、鑑賞、学習などのために描かれた「玩具絵」の一作。玩具絵は「おもちゃ」という言葉が生まれた明治以降のもので、江戸時代の呼称は「手遊び絵」。

の多いメジロは、移動の際などに仲間同士頻繁に鳴き交わします。それを利用して、通常の口笛に比べて高音域を出しやすい歯笛（*3）などを駆使して鳴きまねをして呼び寄せるのです。右ページの正岡子規の一作（「誰やらが～」）もそうしたメジロまね名人についてのもの。練習して試してみたくなる人も多そうですね。ちなみにここで作品を紹介した俳人は明治から昭和に活動した5人ですが、「眼白籠」「眼白落し」「巣引」と、メジロの飼育や捕獲についての内容が目立ち、時代を感じさせます。このなかでメジロ、鳥を題材にとった作品が多いのは正岡子規と寺田寅彦で、特に寺田の句には鳥が好きな気持ちがあふれています。大正～昭和期に活動した詩人、三好達治の『山果集（さんかしゅう）』からは、それぞれメジロをタイトルとした、飼い鳥となったメジロが登場する2編を紹介しました。

*3　唇ではなく、上下の前歯を利用して音を出す口笛の特殊な奏法。音もクリアで高音域、大音量を出しやすいものの、細かな音色を長く息継ぎなしに出し続けることは難しいという難点も。

飼育にまつわるこんな問題も

メジロは愛玩飼育目的の捕獲許可対象鳥類に最後まで残った種です。飼育の歴史が長いだけに根強い愛好家も多く、なかには違法行為に手を染める人もいます。

日本産の愛玩飼育目的の飼育は禁止されていますが、見た目の似た外国産の亜種、近縁種の輸入は可能であるため、国内で違法に捕獲した個体を外国産と偽って飼育する例が少なくないのです。

日本産メジロにこだわる理由としては、鳴き声の美しさなどがあるようですが、いずれにしても密猟や乱獲につながる自己本位な行動は許されません。

こうした問題の解決、防止のために有効な対策と考えられているのが、輸入された外国産メジロと日本産との識別方法の確立と、その周知です。メジロに関しては、専門家による識別ポイントをまとめたマニュアルも他種以上に充実しています（*4）。

*4『メジロ *Zosterops japonicus* 識別マニュアル』（環境省自然環境局野生生物課鳥獣保護業務室 2013年）、『世界のメジロ図譜 増補改訂版』（茂田良光 監修・著 全国野鳥密猟対策連絡会　2016年）など。

メジロを題材にした文学作品

俳句

誰やらが口まねすれば目白鳴く
眼白鳴くと見れば垣の眼白籠
――正岡子規

一寸(ちょっと)留守眼白落しに行かれけん
――高浜虚子

誰目白籠吊せばしなふ冬木かな
固くなる目白の糞や冬近し
――室生犀星

杉垣に眼白飼ふ家を覗きけり
――寺田寅彦

ひさかきの花に眼白の巣引かな
――大場白水郎

詩

山果集

三好達治

目白

蝶が一匹　新らしい窓の障子に　半日跪づき
祈祷のさまをしてゐたが　已に　仆(たお)れた
さうしてここに　今日囚はれた　目じろの眼
冬　冬である　柱時計を捲く音も

繡眼兒(めじろ)

繡眼兒よ　氣輕なお前の翼の音
身輕なお前の爪の音
嘴を研ぐ微かな剥啄(はくたく)
日もすがら私の思想を慰める
お前の唱歌　お前の姿勢　さてはお前の曲藝
それら　願くば　なみされたお前の自由よ
やがて私の歌となれ

SPECIAL FEATURE

にっぽんのメジロの仲間たち

ここではまず、おなじみのにっぽんのメジロに近い仲間＝メジロ属に現在分類されている鳥たち、そしてメジロの亜種を紹介。加えて、日本を訪れるメジロ属の旅鳥と、日本固有種であるメジロ科の一種についても取り上げていきます。

SPECIAL FEATURE

世界にいるメジロの仲間

メジロ科の鳥のおもな特徴

メジロ科ZOSTEROPIDAEの鳥は下図のようにアフリカ中部・南部、アジア南部・東部からオーストラリア、ニュージーランドに分布し、12属135種がいるとされています。そのうち最も分布が広く種数の多いのがメジロの含まれるメジロ属*Zosterops*で、メジロ科の4分の3程度にあたる96種（絶滅種を含めると99種）が属しています（*1）。

メジロ属とされる鳥たちの見た目の共通の特徴としては、白いアイリングのあるものが多く、くちばしは尖っていて、尾羽は短いということがあります。また、舌の先は花の蜜を吸うのに便利なブラシ状です。もともと森林を生活の場とする森林性であるため、おもに樹上で活発に活動します。

次のページでは世界で確認されたメジロ属の鳥を紹介していきましょう。

*1　メジロ属は下図のように、大西洋のアフリカ西部沿岸の島嶼、サハラ砂漠より南のアフリカ、インド、インド洋の島嶼からインドシナ、インドネシア、中国、日本、韓国、台湾、フィリピン、太平洋南西部の島嶼、オーストラリア、ニュージーランドなどに分布。小さな島だけに分布する固有種や固有亜種が多く見られます。

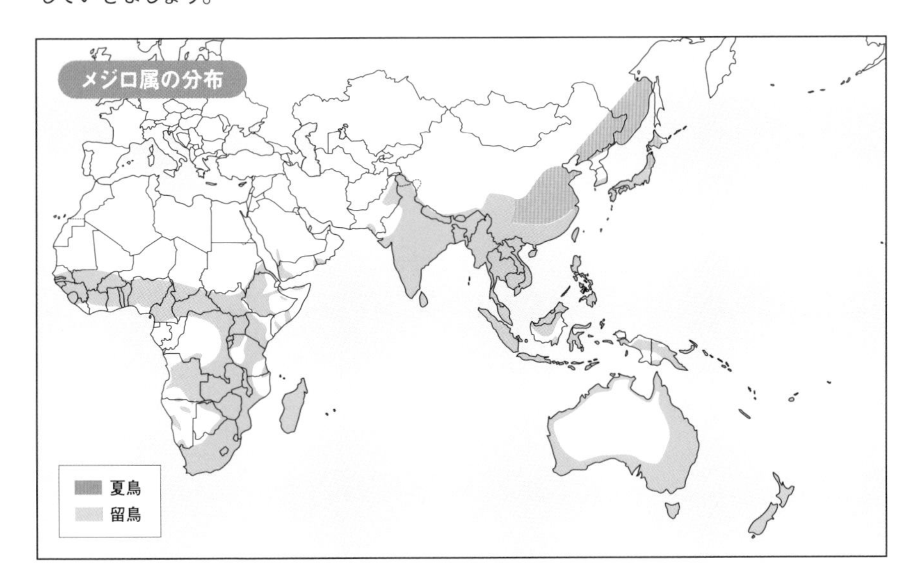

メジロ属*Zosterops*の鳥リスト

〈分類〉Illustrated Checklist of the BIRDS of the WORLD Vol. 2(2016) 508〜525ページに準拠。
※リスト内記号の示す内容→　*新称　**改称　†絶滅

	学名	英名	和名	亜種数
1	*Zosterops mouroniensis*	Mt. Karthala White-eye	コモロメジロ	
2	*Zosterops olivaceus*	Reunion Olive White-eye	レユニオンメジロ	
3	*Zosterops chloronothos*	Mauritius Olive White-eye	モーリシャスメジロ	
4	*Zosterops borbonicus*	Réunion Grey White-eye	マスカリンメジロ	
5	*Zosterops mauritianus*	Mauritius Grey White-eye	モーリシャスハイイロメジロ*	
6	*Zosterops nigrorum*	Yellowish White-eye	フィリピンキメジロ	8
7	*Zosterops montanus*	Mountain White-eye	ヤマメジロ	9
8	*Zosterops atricapilla*	Black-capped White-eye	ズグロメジロ	2
9	*Zosterops erythropleurus*	Chestnut-flanked White-eye	チョウセンメジロ	
10	*Zosterops japonicus*	Japanese White-eye	メジロ	8
11	*Zosterops meyeni*	Lowland White-eye	フィリピンメジロ	2
12	*Zosterops palpebrosus*	Oriental White-eye	ハイバラメジロ	11
13	*Zosterops ceylonensis*	Sri Lanka White-eye	セイロンメジロ	
14	*Zosterops rotensis*	Rota White-eye	ロタメジロ	
15	*Zosterops conspicillatus* †	Bridled White-eye	マリアナメジロ	2
16	*Zosterops saypani*	Saipan White-eye	サイパンメジロ*	
17	*Zosterops semperi*	Citrine White-eye	カロリンメジロ	3
18	*Zosterops hypolais*	Plain White-eye	ムジメジロ	
19	*Zosterops salvadorii*	Enggano White-eye	エンガノメジロ	
20	*Zosterops everetti*	Everett's White-eye	キムネメジロ	8
21	*Zosterops abyssinicus*	Abyssinian White-eye	シロハラメジロ	4
22	*Zosterops flavilateralis*	Kenya White-eye	ケニヤメジロ*	2
23	*Zosterops senegalensis*	African Yellow White-eye	キイロメジロ	14
24	*Zosterops vaughani*	Pemba White-eye	ペンバメジロ	
25	*Zosterops pallidus*	Orange River White-eye	ウスイロメジロ	
26	*Zosterops virens*	Cape White-eye	ケープメジロ	2
27	*Zosterops modestus*	Seychelles White-eye	セーシェルメジロ	
28	*Zosterops maderaspatanus*	Madagascar White-eye	マダガスカルメジロ	6
29	*Zosterops kirki*	Kirk's White-eye	キルクメジロ*	
30	*Zosterops mayottensis*	Chestnut-sided White-eye	マイヨットメジロ*	
31	*Zosterops semiflavus* †	Marianne Island White-eye	マリアンヌメジロ*	
32	*Zosterops ficedulinus*	Principe White-eye	プリンシペメジロ	
33	*Zosterops griseovirescens*	Annobon White-eye	アノボンメジロ	
34	*Zosterops feae*	Sao Tome White-eye	サントメメジロ	
35	*Zosterops leucophaeus*	Principe Speirops	プリンシペメジロモドキ	
36	*Zosterops lugubris*	Black-capped Speirops	ズグロメジロモドキ	
37	*Zosterops poliogastrus*	Ethiopian White-eye	エチオピアヤマメジロ*	
38	*Zosterops kaffensis*	Kaffa White-eye	カファヤマメジロ*	
39	*Zosterops kulalensis*	Kulal White-eye	クラルヤマメジロ*	
40	*Zosterops kikuyuensis*	Kikuyu White-eye	キクユヤマメジロ*	
41	*Zosterops silvanus*	Taita White-eye	タイタヤマメジロ*	
42	*Zosterops eurycricotus*	Kilimanjaro White-eye	キリマンジャロヤマメジロ*	
43	*Zosterops mbuluensis*	Mbulu White-eye	ムブルヤマメジロ*	
44	*Zosterops winifredae*	South Pare White-eye	サウスパレヤマメジロ*	
45	*Zosterops brunneus*	Bioko Speirops	ビオコメジロモドキ*	
46	*Zosterops melanocephalus*	Mt. Cameroon Speirops	メジロモドキ	
47	*Zosterops flavus*	Javan White-eye	ジャワメジロ	

ハイバラメジロ

キイロメジロ

ウスイロメジロ

	学名	英名	和名	亜種数
48	*Zosterops natalis*	Christmas Island White-eye	クリスマスメジロ	
49	*Zosterops chloris*	Lemon-bellied White-eye	マングローブメジロ	5
50	*Zosterops citronella*	Ashy-bellied White-eye	シロハラマングローブメジロ	3
51	*Zosterops luteus*	Canary White-eye	キバラメジロ	2
52	*Zosterops consobrinorum*	Pale-bellied White-eye	セレベスメジロ**	
53	*Zosterops grayi*	Pearl-bellied White-eye	ケイメジロ	
54	*Zosterops uropygialis*	Golden-bellied White-eye	オグロメジロ	
55	*Zosterops anomalus*	Black-ringed White-eye	セレベスメグロメジロ**	
56	*Zosterops atriceps*	Cream-throated White-eye	モルッカメジロ	3
57	*Zosterops somadikartai*	Togian White-eye	トギアンメジロ	
58	*Zosterops nehrkorni*	Sangihe White-eye	サンギヘメジロ	
59	*Zosterops atrifrons*	Black-crowned White-eye	クロビタイメジロ	4
60	*Zosterops stalkeri*	Seram White-eye	セラムクロビタイメジロ	
61	*Zosterops chrysolaemus*	Black-fronted White-eye	ニューギニアクロビタイメジロ*	3
62	*Zosterops minor*	Green-fronted White-eye	ニューギニアメジロ	
63	*Zosterops meeki*	Tagula White-eye	ノドジロメジロ	
64	*Zosterops hypoxanthus*	Bismarck White-eye	ビスマークメジロ**	3
65	*Zosterops mysorensis*	Biak White-eye	ビアクメジロ	
66	*Zosterops fuscicapilla*	Capped White-eye	キバラヤマメジロ	
67	*Zosterops crookshanki*	Oya Tabu White-eye	オヤタブメジロ*	
68	*Zosterops buruensis*	Buru White-eye	ブルメジロ	
69	*Zosterops kuehni*	Ambon White-eye	アンボンメジロ	
70	*Zosterops novaeguineae*	New Guinea White-eye	パプアメジロ	7
71	*Zosterops metcalfii*	Yellow-throated White-eye	キノドメジロ	3
72	*Zosterops stresemanni*	Malaita White-eye	マライタメジロ	
73	*Zosterops hamlini*	Bougainville White-eye	ブーゲンヴィルメジロ	
74	*Zosterops ugiensis*	Grey-throated White-eye	ハイノドメジロ	2
75	*Zosterops vellalavella*	Banded White-eye	ベララベラメジロ	
76	*Zosterops sanctaecrucis*	Santa Cruz White-eye	サンタクルーズメジロ	
77	*Zosterops gibbsi*	Vanikoro White-eye	バニコロメジロ*	
78	*Zosterops samoensis*	Samoan White-eye	サモアメジロ	
79	*Zosterops superciliosus*	Bare-eyed White-eye	レンネルオオメジロ	
80	*Zosterops lacertosus*	Sanford's White-eye	サンタクルーズオオメジロ	
81	*Zosterops exploratory*	Fiji White-eye	フィジーメジロ	
82	*Zosterops flavifrons*	Vanuatu White-eye	キビタイメジロ	7
83	*Zosterops minutus*	Small Lifou White-eye	リフコメジロ	
84	*Zosterops xanthochroa*	Green-backed White-eye	ニューカレドニアメジロ	
85	*Zosterops finschii*	Dusky White-eye	ダスキーメジロ*	
86	*Zosterops ponapensis*	Pohnpei White-eye	ポンペイメジロ*	
87	*Zosterops cinereus*	Grey-brown White-eye	ネズミメジロ	
88	*Zosterops oleaginous*	Yap Olive Rukia	ヤップメジロ**	
89	*Zosterops luteirostris*	Gizo White-eye	キバシメジロ**	
90	*Zosterops splendidus*	Ranongga White-eye	ユウビメジロ**	
91	*Zosterops kulambangrae*	Solomons White-eye	ソロモンメジロ	3
92	*Zosterops lateralis*	Silvereye	ハイムネメジロ	16
93	*Zosterops albogularis*	White-chested White-eye	ノーフォークメジロ	
94	*Zosterops tenuirostris*	Slender-billed White-eye	ハシボソメジロ	
95	*Zosterops inornatus*	Large Lifou White-eye	リフメジロ	
96	*Zosterops strenuous* †	Robust White-eye	ロードハウメジロ	
97	*Zosterops rennellianus*	Rennell White-eye	レンネルメジロ	
98	*Zosterops griseotinctus*	Louisiade White-eye	ルイジアードメジロ	6
99	*Zosterops murphyi*	Hermit White-eye	クランバングラメジロ	

国内で飼育可能な海外産メジロは輸入も少なくありません。禁輸政策などで輸入が減少した中国や東南アジア産に対し、増えてきたのが、アフリカ産のキクユヤマメジロとキイロメジロ。キクユヤマメジロは太めのアイリングが特徴です。

メジロ *Zosterops japonicus* の亜種紹介

小さな島のみに分布する亜種も

種としてのメジロは、伊豆諸島、小笠原諸島、南西諸島を含む日本を中心に、韓国南部沿岸と済州島、台湾、海南島を含む中国南部、インドシナ北東部にかけて分布、繁殖しています（*1）。北海道と本州北部などで繁殖する個体は南方に渡って越冬するため、夏鳥となります（*2）。

また、自然分布以外に、1929年以降にハワイ諸島に日本から移入されたメジロの野生化が、東はハワイ島から西はカウアイ島までの島々で報告されています（*3）。

一般にはあまり知られていませんが、メジロは現在、国内に6亜種、海外に2亜種の8亜種が認められています。ここではその分布と簡単な特徴を紹介しましょう。

*1　サハリン南東部と南千島の国後島でも記録があります。

*2　日本本土の基亜種が伊豆諸島や南西諸島で、中国本土のメジロの亜種が冬期に海南島でそれぞれ記録されていますが、日本産メジロが中国本土や台湾、海南島から記録された例はないようです。

*3　ハワイのホノルル動物園園内にいた野生のメジロ。

シチトウメジロ

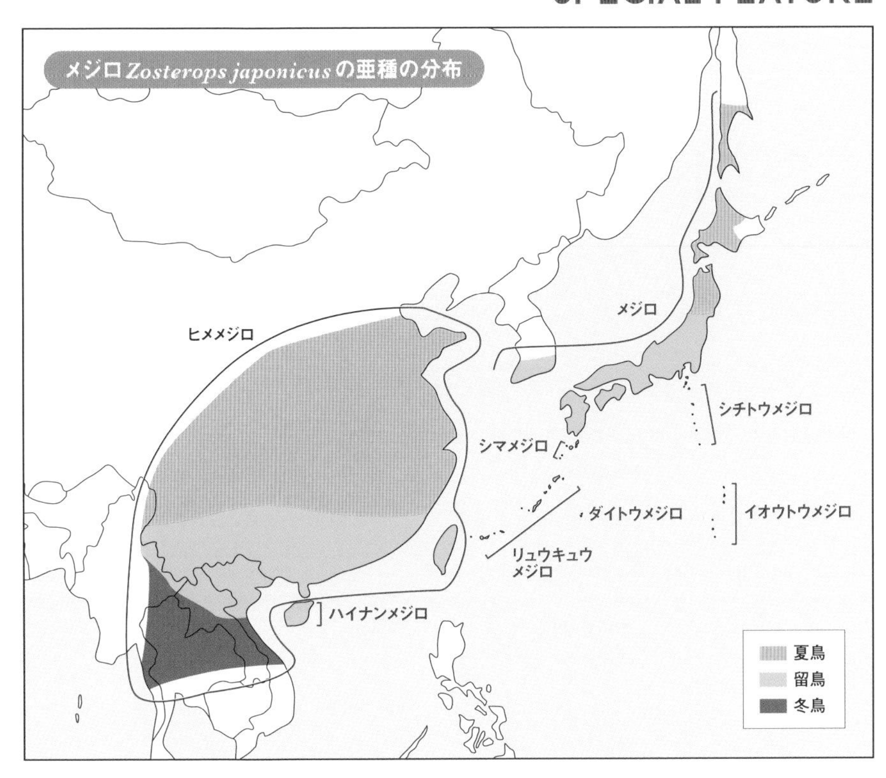

メジロ
Zosterops japonicus japonicus

上の図のように日本で見られるメジロの大半がこの亜種メジロです。北海道、サハリン南部、南千島、本州、四国、九州、および朝鮮半島南部と沿岸の黒山島、紅島、済州島、巨済島などに留鳥として分布。冬鳥として屋久島、種子島、伊豆諸島、奄美諸島、沖縄諸島で記録があります。大まかな特徴は16ページでも紹介していますが、壱岐、対馬と韓国産の個体はくちばしの根元が太い傾向があります。

シマメジロ
Zosterops japonicus insularis

種子島、屋久島、甑島列島、鹿児島県鹿児島郡三島村黒島に留鳥として分布。羽色、大きさとも亜種メジロに似ていますが、上面の緑色が濃いという特徴があります。また胸と脇の赤褐色の部分が大きく、のどと腹中央の黄色は亜種メジロより濃く、はっきりしています。くちばしは根元が太くて長く、足や尾羽がやや長めである傾向があります。成鳥の虹彩は灰褐色ですが、白みが強い個体もいます。

シチトウメジロ
Zosterops japonicus stejnegeri

伊豆大島から利島、新島、式根島、神津島、三宅島、御蔵島、八丈島、青ヶ島、鳥島までの伊豆諸島に留鳥として分布。静岡県で冬鳥としての記録もあります。小笠原郡島の個体群は伊豆諸島産と硫黄島産が人為的に移入され交雑したものとされています。

イオウトウメジロ
Zosterops japonicus alani

小笠原諸島の硫黄列島に留鳥として分布。南鳥島での記録は人為的に移入された可能性があると見られています。小笠原群島の父島と母島、周辺の島に分布するメジロは、シチトウメジロとイオウトウメジロとの交雑個体群で、羽色は後者に似ています。

リュウキュウメジロ
Zosterops japonicus loochooensis

奄美諸島、琉球諸島に留鳥として分布。日本産の亜種の中では最小です。胸と脇が灰白色で赤褐色みがなく、ヒメメジロに似ていますが、やや大きく、ひたいは黄色がほとんど見られない、上面の緑色にはヒメメジロほど黄色みがないといった特徴があります。

ダイトウメジロ
Zosterops japonicus daitoensis

大東諸島（北大東島、南大東島）に留鳥として分布。リュウキュウメジロと、フィリピンメジロの1亜種であるキクチフィリピンメジロに似ています。リュウキュウメジロより大きく、のどの黄色は目の下の白いアイリングを縁取る黒線にまで至ります。目先の上の黄色の斑が大きくはっきりしていて、胸と脇、腹は灰白色。上面の緑色はキクチフィリピンメジロよりやや暗色で、下くちばし先端の黒色部は不明瞭。成鳥の虹彩はリュウキュウメジロよりわずかに赤みがあります。

ハイナンメジロ
Zosterops japonicus hainanus

種はメジロですが、外国産である2亜種のうちのひとつ。南シナ海に浮かぶ中国の海南島に留鳥として分布しています。

ハイナンメジロの特徴としてはまず、ヒメメジロに似ているものの、大きさはやや小さめということが挙げられます。からだの上面の羽色は、ヒメメジロよりも黄色みが強く、ひたいとのどの黄色もよりはっきりしています。下くちばしの先端の黒色部は大きくはっきりしていて、虹彩の色はヒメメジロよりも赤みが強いといわれています。

ヒメメジロ
Zosterops japonicus simplex

ハイナンメジロと同じく、外国産のメジロの亜種のひとつです。中国本土、ベトナム北部、タイ北部、台湾本土に留鳥として分布。海南島では冬鳥としての記録があります。また、迷鳥として韓国南西部の黒山島と紅島でも記録されています。

見た目はリュウキュウメジロに似ていますが、より小さく、くちばしと跗蹠（ふしょ）（かかとから足指の付け根までの長さ）は短いのが特徴です。からだ上面の緑色は黄色みが強く、ひたいと目先の上の黄色がはっきりしています。下くちばし先端の黒色部は大きくはっきりしていて、虹彩の色は赤みが強め。のどの黄色部は太く、白いアイリングを縁取る目の下の黒線まで至ります。また、地鳴きはメジロに比べると濁った印象です。ハイナンメジロとヒメメジロの海外産メジロ2亜種は、輸入個体のかご抜け、在来種との交雑が懸念されています。

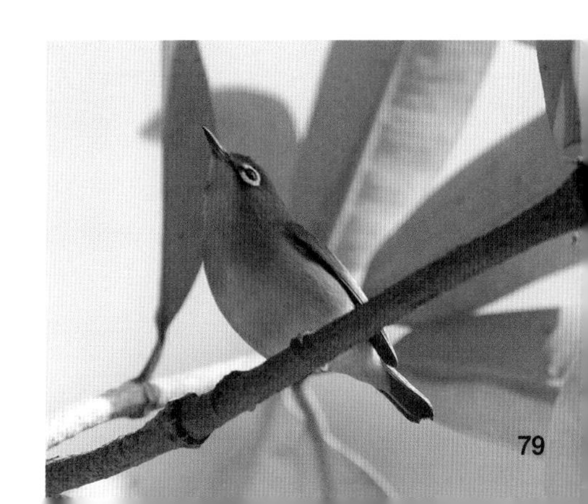

CLOSE UP!

日本で見られるメジロ科の2種

メジロの近縁種で旅鳥でもあるチョウセンメジロと、メジロ科で名前が似ている日本固有種メグロ。共通点のあるようなないような両者と、にっぽんのメジロとの関係とは？

チョウセンメジロ　　メグロ

共通点というより因縁がある？

最初にいっておくと、本項では「メジロ」「にっぽん」といったキーワードで括ってみましたが、近縁種（*1）でもないチョウセンメジロとメグロには共通の話題はあまりありません。メジロにしたところで、チョウセンメジロは同属で日本という国で旅鳥として出会うかもしれない鳥、メグロは母島など限られたエリアにいる同じ科の鳥、くらいでしょうか……。それでもやっぱり気になる3者の関係についてここでは見ていきましょう。

*1　生物の進化や類縁関係を見たとき、世代距離（共通祖先までの世代数）が近く、血縁度の高い種。分類大系では属が同一のものを指します。

チョウセンメジロ
Zosterops erythropleurus

メジロ科メジロ属に分類されるチョウセンメジロは、旅鳥としてまれに日本に飛来します。記録されているのは山形県、石川県、福井県、兵庫県などで、日本海側の島で記録が多い傾向があります。とはいえ、その一部はかご抜け鳥である可能性も考えられています。

チョウセンメジロはメジロ科の中で最も北に分布しており、ユーラシア大陸北東部のウスリー、中国北東部、朝鮮半島北部で繁殖し、冬季は中国西南部、インドシナ、タイ方面に渡り越冬します。生息環境は平地から山地にかけての林で、地鳴きは「ヂィー、ヂィープ、チローッ」など。メジロよりやや濁った声に聞こえるようです。

羽色は顔、頭部から肩羽、尾羽に至るからだの上面は黄緑色で、白いアイリングがあるといった外見はメジロと似ていますが、メジロよりもアイリングは太く、体長はやや小さめ。また、上面の緑色は黄色みが強く、両脇にはっきりとした濃い赤褐色の斑があります。腹と胸は白色、くちばしは黒色、というのもチョウセンメジロの特徴です。第1回冬羽以後のオスはメスより脇の赤褐色の斑が濃いとされています。

外国産メジロのかご抜けの背景

昔から飼い鳥として愛されてきた日本産メジロ。しかし鳥獣保護法による規制が強化され、現在は都道府県知事の許可を得た場合を除き、捕獲および飼育は禁止されています（条例により全面禁止の地域もあります）。

その一方で、チョウセンメジロに限らず外国産メジロの輸入と飼育についての規制はなく、実際、輸入される個体は少なくありません。旅鳥として記録されたチョウセンメジロの一部がかご抜け鳥なのではないかと考えられているのは、そうした背景があるためです。

輸入実績のない韓国産と称するメジロが日本国内で販売される事例があるなど、日本産メジロの密猟を助長することにもつながりかねない外国産メジロ。チョウセンメジロやメジロ亜種のハイナンメジロ、ヒメジロなどが悪者になってしまわないよう、関心をもっていきたいものです。

メグロ
Apalopteron familiare

日本で見られる600以上の鳥のうち、固有種は15種（*）。そのひとつが東京から南に約1000kmの太平洋上にある小笠原諸島の母島列島の母島、向島、妹島にのみ生息するメグロです。

世界的には希少種ですが、生息地ではよく目にすることのできる身近な鳥です。全長はメジロより少し大きい約14cm。尾羽が長めなのでからだはメジロと同程度かもしれませんが、黒褐色の足もくちばしもメジロより長めで、メジロと比べると全体的に縦長の印象です。

羽色はからだの上面が暗緑色や黄褐色で、顔からのど、腹にかけての下面は黄色、側面は緑褐色。尾羽や翼は灰黒色で、羽の外縁には黄緑色が見られます。黄色の顔に、ひたいから上くちばしの付け根にかけて正面から見るとアルファベットのT字に見える黒色の斑があり、それが左右の目をそれぞれ囲む三角形状の黒斑につながっています。この黒斑が和名の由来でもあります。目の周りには白い羽毛（アイリング）も見られますが、よく見ると目の前後が切れており、メジロのように環状にはなっていません。

そんなメグロの食べものは、おもに昆虫やクモなどの節足動物で、昆虫ではチョウやガの幼虫や甲虫、アリをよ

明暗の分かれたメグロの2亜種

メグロという種は亜種メグロ（ムコジマメグロ）*A. f. familiare*とハハジマメグロ*A. f. hahasima*の2亜種に分けられていました。しかし聟島列島に生息していた亜種メグロは20世紀半ばまでに絶滅したとみられています。生き延びたもう一方が、その和名の通り、母島列島に生息している亜種ハハジマメグロです。こちらは亜種メグロより少し大型で、黄色みが濃いといわれます。

ハハジマメグロ

メジロとの微妙な関係

メジロ科のメグロということで、本項ではメジロとの相違点などについても触れてきました。しかしメグロがメジロ科に含まれるまで、そして現在も、分類上のメグロの立ち位置は引き続き研究者たちの議論の俎上(そじょう)にあります。

現在メジロ科メジロ属とされているメグロは、これまで形態や生態の近似といったことを理由に、ヒヨドリ科やチメドリ科、ミツスイ科などに分類されてきた鳥でもあります。1990年代半ばに行われたDNA解析を経て、メグロはメジロ科に属することになり、最も近縁の種は、マリアナ諸島南部、サイパン島を中心に生息するメジロ科のオウゴンメジロ（現和名：オウゴンミツスイ）*Cleptornis marchei*であることも判明しました。

が、この分類劇は（も）、ここで大団円というわけにはまったくなりませんでした。その後2019年に発表されたチメドリ類402種を分析対象とした論文により、メグロとオウゴンミツスイの近縁2種は、メジロの仲間から生じたものではないことが明らかに。両者は、系統的にはメジロ類とチメドリ類の中間、メジロ科の祖先にあたる位置を占めるものだったのです。メグロは南から分布を広げてきたメジロとは別系統の種だったということで、今後分類上でメジロとメグロの関係がどうなっていくか、まだまだ注目されるところです。

オウゴンミツスイ

く捕食しているようです。ほかにはパパイヤやガジュマル、シマグワなどの実も好んで食べます。特にパパイヤ×メグロの組み合わせは母島名物のようになっているほどですが、それらの植物は外来種なので、パパイヤもメグロの好物となったのは島に移入された19世紀以降。それまでは現在以上に節足動物寄りの食生活だったと考えられます。

メグロはまた、縄張り意識が強く、繁殖期には縄張りに侵入した同種の個体に対して攻撃的になります。繁殖期は4～6月ごろで、ペアは高木の枝にカップ型の巣をつくり、子育てを行います。メジロと同じく、繁殖期を中心にオスとメスのペアで行動し、それ以外の時期には小さい群れをつくったり、メジロやヒヨドリなどと一緒に行動することもあります。

*鳥類の日本固有種：アオゲラ、アカコッコ、アカヒゲ、アマミヤマシギ、カヤクグリ、ノグチゲラ、メグロ、ヤマドリ、ヤンバルクイナ、ルリカケス、オガサワラカワラヒワ、オリイヤマガラ、キジ、ホントウアカヒゲ、リュウキュウサンショウクイ。

GOURMET DIARY
メジロたちの 絵になる食卓

本章掲載の情報について

※「開花期」「収穫期」「結実期」は寒暖差や地域差により、多少前後することがあります。
※果実は開花→受粉を経て結実し、熟していきます。掲載の「収穫期」は人間が食用とする際のタイミングで、鳥たちはそれより前、未熟の状態で採食する場合も少なくありません。
※一般に人間が食用としない木の実の場合、「結実期」としています。
※観賞用と食用の品種がある場合、掲載の「開花期」と「収穫期」の品種は異なる場合があります。

花

ウメ
（→P87）

花の蜜や木の実が大好物のメジロ。無心に採食するひとときは、その姿を観察する絶好のチャンスです。本章ではメジロたちの採食の様子を、彼らに花と実を供する草木別に見ていきましょう。

実

（→P97）

花

モモ（桃）

開花期：3月～4月下旬　収穫期：最盛期は7月～8月（早生種は5月下旬～）

バラ科の落葉広葉樹（小高木）。3月3日の「桃の節句」でもおなじみ。植物学上は同じだが観賞用に改良されたハナモモ（花桃）は品種が非常に豊富で、庭木などによく利用される。樹木のスタイルにより立ち性（枝が垂れない）、枝垂れ性、ほうき立ち性（上方に向かって枝が広がる）の3タイプがある。果実を利用する品種は実モモとよばれる。

ウメ（梅）

開花期：1月下旬～4月下旬（品種により12月中旬～）　収穫期：5月下旬～7月

バラ科の落葉広葉樹（小高木）。観賞用は花ウメ、果実を利用する品種は実ウメと区別される。花ウメには野梅系、緋梅系、豊後系の大きく3系統がある。未熟な果実は生食では有毒だが梅干などに加工して食用とされる。

花

サクラ（桜）

開花期：3月中旬～5月上旬（品種により2月ごろ～）
バラ科の落葉広葉樹（高木）の総称。日本の国花のひとつ。ポピュラーなものに早咲きのカワヅザクラ（河津桜）、日本のサクラの8割以上を占めるといわれるソメイヨシノ（染井吉野）、さまざまなシダレザクラ（枝垂桜）や遅咲きのヤエザクラ（八重桜）など。沖縄では亜熱帯性のカンヒザクラ（寒緋桜）が多い。

アブラナ（油菜）

開花期：2月～5月　収穫期：11月～4月

アブラナ科の二年生植物。別名：ナノハナ（菜の花）、ナタネ（菜種）など。昔から食用や油を採取するために栽培されてきた（ナタネは作物名）。

ボケ（木瓜）

開花期：3月～5月、11月～（カンボケ（寒木瓜））

バラ科の落葉低木。赤、白、ピンク、オレンジの花を咲かせる。

花

アセビ（馬酔木）

開花期：2月〜4月
ツツジ科の常緑低木。壷形の白〜ピンクの花は可憐だが、葉は有毒。

コブシ（辛夷）

開花期：3月中旬〜4月上旬

サルココッカ（野扇花）

開花期：2月〜3月

花
実

アンズ（杏）

開花期：3月〜4月　収穫期：6月中〜7月中
バラ科の落葉小高木。英名のアプリコットでよばれることも。別名カラモモ（唐桃）。

イチジク（無花果）

開花期：6月〜10月　収穫期：6月下旬〜（夏果）、8月下旬〜（秋果）
クワ科の落葉高木。果樹として世界中で広く栽培されている。収穫時期や味、形などが異なる200品種以上の種類がある。

花 実

ヒメコウゾ（姫楮）

開花期：4月〜5月　結実期：6月〜7月初旬
クワ科の落葉低木。和紙の原料としても使われているコウゾは、このヒメコウゾとカジノキの雑種。

タイサンボク（泰山木）

開花期：6月
モクレン科の常緑高木。アメリカ南東部原産で、明治時代初期、新宿御苑を皮切りに、各地の公園や庭園、街路に植栽された。

ザクロ（石榴）

開花期：6月　収穫期：9月〜11月

ミソハギ科ザクロ属の落葉小高木。庭木などの観賞用に栽培される。果実は食用になるため、最も古くから栽培された果樹のひとつ。

花

ネムノキ（合歓木）

開花期：6月
マメ科ネムノキ亜科の落葉高木。夜になると小葉が閉じて垂れ下がる就眠運動を行うことで知られる。

アメリカデイゴ（亜米利加梯梧）

開花期：6月～9月
マメ科デイゴ属の落葉低木。和名はカイコウズ（海紅豆）だが、アメリカデイゴとよばれることが多い。

フヨウ（芙蓉）

開花期：7月～10月
アオイ科の落葉低木。ピンクや白の花は朝開き夕方にしぼむ一日花。長期間、毎日開花する。

ミズキ（水木）

開花期：5月～6月　結実期：10月～11月
ミズキ科の落葉高木。球形の核果は赤色から、のちに黒紫色に熟す。ヒヨドリが特に好んで食べる。

ヨウシュヤマゴボウ（洋種山牛蒡）

開花期：6月〜9月　結実期：9月〜11月
ヤマゴボウ科の多年草。北アメリカ原産。ブドウのようにつく緑の実は熟すと黒くなる。果実と根は有毒。

ハゼノキ（櫨の木）

開花期：5月〜6月　結実期：9月〜10月
ウルシ科の落葉小高木。ウルシほどではないがかぶれることも。秋に美しく紅葉する。実は木蝋の材料ともされた。

ムラサキシキブ（紫式部）

開花期：6月～7月　結実期：9月～11月
シソ科の落葉低木。薄緑色から深い紫色に色づく果実の観賞用に植栽される。

ナツメ（棗）

開花期：5月～6月　収穫期：9月～10月
クロウメモドキ科の落葉小高木。実は乾燥させ食したり、菓子材料、生薬としても利用される。

ガマズミ(莢蒾)

開花期：5月〜6月　結実期：9月〜11月
ガマズミ科の落葉低木。赤く塾した実は莢蒾子（きょうめいし）とよばれ、食用、薬酒とされる。

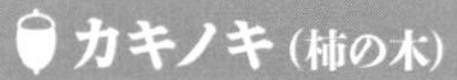

カキノキ(柿の木)

開花期：5月中旬〜6月中旬　収穫期：9月下旬〜12月
カキノキ科の落葉小高木。多くの在来品種がある。農作物としても北海道を除く広い地域で栽培されている。野鳥にも大人気。

カクレミノ（隠蓑）

開花期：6月〜7月　結実期：10月〜12月
ウコギ科の常緑亜高木。実は黄緑色から黒紫色に熟す。ウルシと同成分を含む樹液はかぶれることも。

ヌルデ（白膠木）

開花期：8月〜9月　結実期：10月〜11月
ウルシ科の落葉小高木。ウルシと同成分を含みかぶれることも。実は塩麩子（えんぶし）とよばれ、生薬とされる。

トキワサンザシ（常盤山査子）

開花期：5月〜6月　結実期：10月上旬〜3月上旬
バラ科の常緑低木。属の総称ピラカンサの名でもよばれる。品種により赤、橙、黄色の実がある。

マユミ（檀）

開花期：5月〜6月　結実期：10月〜12月
ニシキギ科の落葉低木・小高木。実は冬季にヒヨドリやメジロがよく採食する。

トウネズミモチ（唐鼠黐）

開花期：6月〜7月　結実期：10月〜12月
モクセイ科の常緑高木。中国原産。実は緑色から紫色に熟す。在来のネズミモチよりも葉や実が大きい。

マツ（松）

開花期：4月～5月　結実期：10月～12月
マツ科の針葉樹。針葉樹としては世界で最も広範囲に分布している。野鳥たちは松かさ（松ぼっくり）とよばれる球果の中の種子をついばむ。

ウメモドキ（梅擬）

開花期：5月～6月　結実期：9月～10月
モチノキ科の落葉低木。実の大きさやつき方はさまざまで、赤を中心に黄色や白もある。

ミカン（蜜柑）

開花期：5月　収穫期：9月下旬〜12月
ミカン科の常緑低木。ミカンは一般名で、種名はウンシュウミカン。鹿児島県が原産とされ、多くの栽培品種がある。

ヤツデ（八手）

開花期：10月〜12月　結実期：4月〜5月
ウコギ科の常緑低木。てのひらのような独特の形の大型の葉でおなじみ。庭木として広く植栽されている。

ビワ（枇杷）

開花期：11月中旬〜2月上旬　収穫期：5月〜8月
バラ科の常緑高木。和名の由来は実の形が楽器の琵琶に似ているため。

アロエ（蘭）

開花期：12月〜2月
ツルボラン亜科の多肉植物。アロエは総称で、多くの品種が葉を食用、薬用、観賞用として栽培されている。

サザンカ（山茶花）

開花期：10月〜12月　結実期：9月〜10月
ツバキ科の常緑小高木。ツバキと並び、花蜜を目当てにメジロが多く集う。

ツバキ（椿）

開花期：2月〜4月　結実期：9月〜11月
ツバキ科の常緑低木〜小高木。ツバキは一般名で、種名はヤブツバキ。散るときは花弁と雄しべが一緒に落花する。

おわりに

小宮輝之

子どものころ、祖母の家に無花果（いちじく）の木があり、よく実をとって食べました。おまけに無花果の木はカミキリムシのメッカ、実が熟すとハナムグリやカナブンもやって来て、我が昆虫採集の穴場だったのです。数年前、ホームセンターで無花果の苗を見つけ、少年時代の記憶がよみがえり、衝動的に購入してしまいました。ところが、この無花果は小粒の品種で、昔のように頬張ることはできなかったのです。大粒の無花果に植えかえようと思っていた矢先、小粒の無花果を見つけたメジロたちが集まりはじめました。ベランダの前に植えたので、朝早くから窓越しに無花果を訪れるメジロ夫婦に「おはよう」と声を交わすようになりました。

冬はヒヨドリに追いとばされながら椿の花や枝に刺した蜜柑に来ます。早春のころは梅の蜜と花粉を目当てにやって来ます。初夏のころ山茶花（さざんか）の茂みに営巣し、せっせと虫を運びます。今では秋にも無花果の小枝に止まり甘い実を代わる代わる2羽で順番待ちをしながらついばむ姿を楽しめるようになりました。メジロのおかげで命拾いした我が家の無花果、今年は小さなふくらみがたくさんついていて豊作の兆（きざ）し、秋が待ち遠しい今日このごろです。

本書に収められた写真にも、メジロたちが届けてくれたそんな豊かな時間を感じることができます。これからも日本中で野鳥とともに多くの物語が紡がれていくことを願っています。

写真協力（掲載初出順）

三島薫（みしま かおる）

1978年埼玉県生まれ。2011年に三重県に移住。ほどなくカメラを手にして野鳥や動物の撮影を始める。ドライブという趣味をいかし、ときに遠征もしながら、主に中部地方をフィールドに被写体の可愛さ綺麗さを伝えることを目指して撮影に取り組む。写真協力書籍に『にっぽんのカワセミ』『鳥のしぐさ・行動よみとき図鑑』『鳥の食べもの&とり方・食べ方図鑑』（カンゼン）ほかがある。

掲載作品　カバー（表1、表4）、表紙、P1、P2、P3、P8-9、P15左、P17、P18、P36、P46上、P53、P54下、P55左上・右上、P57上、P59上、P60、P61右、P62下、P63下、P65上、P65中、P66上・下中・下右、P84、P92上、P97上、P98下、P102下、P110-111

藤森直子（ふじもり なおこ）

子どものころから鳥好きで、庭を訪れる野鳥用にカメラを譲られたことをきっかけに撮影をスタート。『BIRDER』誌の読者写真コーナーにカラス、メジロで2度採用。10年間撮りためたメジロ写真をハンドルネームの「水餃麵（そいがぅみん）」名義で編んだ作品集『湘南メジロ四季』がAmazon Kindleストアで好評販売中。Instagram:@soigaumin　Twitter:@soigaumin

掲載作品　カバー（背・上）、P4、P7右上・左下、P23右上、P24、P25、P28、P29、P30、P31右上・下、P33、P35、P40、P41上、P42下、P43上・右下、P45上、P46下、P47、P49下、P50右下、P51上、P88下、P89、P90、P91上、P92下、P93、P94、P95上、P97下、P99上、P102上、P103下、P104上、P105上

千葉徹（ちば とおる）

1980年東京都生まれ。「行かないことには始まらない」をポリシーとして、たまの休日には悪天候でも撮影に向かう。好きになった鳥の元にとことん通い続けて、貴重なシーン、綺麗な写真を狙っている。

掲載作品　帯、P101下

野口好博（のぐち よしひろ）

1951年長崎県生まれ。ソフトウェア会社在職中から趣味の野鳥撮影を始め、約500種の鳥と出会う。日本鳥類保護連盟会員、連盟の野鳥カレンダー入賞作品多数。日本野鳥の会東京会員。2020年『魅力的な鳥達と自然 ～千島列島～』を出版。

掲載作品　カバー（背・中）、P5、P12、P13、P20下、P21、P23左、P26上、P27、P34上、P37上、P44、P51下、P72、P85、P86、P87、P95下、P96上、P98上、P100上、P101上、P106-107

高橋泉（たかはし いずみ）

1952年東京都生まれ。容器会社定年後、趣味の野鳥撮影に力を入れる。特にハチクマの個体差の多さに魅了され、猛禽類を中心に撮影を行っている。『見わけがすぐつく野鳥図鑑』（成美堂出版）など図鑑や写真集に作品が掲載されている。

掲載作品　カバー（背・下）、P6、P7右下、P15右、P19上、P48、P59下、P88上

小宮輝之（こみや てるゆき）

profile→P112

掲載作品　P7左上、P23下、P31左上・左下、P32、P39下、P43左下、P45下、P54上、P57下、P58、P64下、P65下、P66下右、P67、P74、P75、P76、P78中、P79、P80、P81、P82、P83、P91下、P100下、P104下、P105下

大野胖（おおの ゆたか）

1946年東京都生まれ。建設会社在職中の1997年から野鳥撮影を始め、全国を廻り国内549種を撮影。動きのある野鳥を基本として生態も撮影し、フォトストックにも写真を提供している。JPS（日本写真家協会）展に複数入選、『ナショナル ジオグラフィック日本版』（2018）ほか多数の図鑑や書籍、カレンダーに作品が掲載されている。

掲載作品　P10-11、P19下、P26下、P38下、P39右上、P49上、P50上、P78上・下、P112

入江正己（いりえ まさみ）

1951年大阪府生まれ。和歌山県立自然博物館友の会会長。串本海中公園センター・八重山海中公園研究所在職中に水中写真を始め、その後和歌山県立自然博物館在職中に野鳥の撮影を始める。退職後も和歌山県内を中心に撮影を続けている。

掲載作品　P20上、P38上、P39左上、P52、P61左、P96下、P99下

平野伸次（ひらの しんじ）

富良野、上富良野、美瑛をこよなく愛し、Instagram（@iwashi_guppy）ではシマエナガをはじめ、北海道の誇る被写体をとらえた写真を発表。2020年刊行の『365日北海道絶景の旅』（いろは出版）に作品が掲載。2021年には北海道の老舗酒造・男山の「北海道3大かわいい動物」プロジェクト認定ラベルにシマエナガ写真が選出された。北海道帯広市在住。

掲載作品　P34下、P41下

築山和好（つきやま かずよし）

1965年福岡県生まれ。大学1年時より博多湾をフィールドとして野鳥観察を始め、その世界にハマる。以来、本業と並行して40年近く鳥見と撮影を続けている（好きなシギ・チドリ類は年齢識別用写真、身近な鳥は生態や表情を撮影している）。雑誌『BIRDER』への寄稿や各種書籍への写真提供も行う。写真担当書籍に『にっぽんのシギ・チドリ』（カンゼン）などがある。Instagram:@kazuyoshi.tsukiyama
Twitter:@TsukiyamaKazu

掲載作品　P22、P23右下、P37下、P42上、P50左下、P64上・中、P103上

清水知恵子（しみず ちえこ）

1974年大阪府生まれ。大阪芸術大学グラフィックデザインコース卒業。2002年よりフリーカメラマンとして各種媒体等で人物撮影を中心に活動中。セキセイインコ、白文鳥と暮らしている。写真担当書籍に『にっぽん文鳥絵巻』（カンゼン）などがある。
Instagram:@cleanwatershimizu

掲載作品　P62上、P63上

主な参考文献（刊行年順）

『フィールドガイド日本の野鳥』高野伸二 著　日本野鳥の会　1982年

『みる野鳥記5 ヒヨドリのなかまたち』松原巌樹 絵　日本野鳥の会 編　あすなろ書房1991年

『大自然のふしぎ　鳥の生態図鑑』学習研究社　1993年

『企画展ガイド　鳥の形とくらしI―餌とくちばし―』我孫子市鳥の博物館　1993年

『短歌俳句動物表現辞典 歳時記版』大岡信 監修　万来舎　2002年

『Handbook of the Birds of the World Vol.13』Josep del Hoyo・Andrew Elliott・David Christie 著　Lynx Edicions　2008年

『決定版 日本の野鳥 巣と卵図鑑』林良博 監修　小海途銀次郎 著　世界文化社　2011年

『日本鳥類目録 改訂第7版』日本鳥学会　2012年

『新版 日本の野鳥』叶内拓哉・安部直哉・上田秀雄 著　山と渓谷社　2014年

『くらべてわかる野鳥』叶内拓哉 写真・文　山と渓谷社　2015年

『メジロZosterops japonicus識別マニュアル』環境省自然環境局野生生物課鳥獣保護業務室　2013年

『Illustrated Checklist of the Birds of the World Vol.1Non-passerines & Vol.2 Passerines』Josep del Hoyo・Nigel J.Collar 著　Lynx Edicions　2016年

『世界のメジロ図譜 増補改訂版』茂田良光 監修・著　全国野鳥密猟対策連絡会　2016年

『BIRDER』2019年06月号（第33巻第6号）　文一総合出版　2019年

『見わけがすぐつく 野鳥図鑑』小宮輝之 監修　成美堂出版　2021年

にっぽんで会える鳥たちの魅力を再発見!

カンゼンの[鳥の本]既刊ラインナップ

☞https://www.kanzen.jp/

知識&雑学 「おもしろふしぎ鳥類学の世界」シリーズ

※対象：小学校中学年以上
※総ルビ（すべての漢字にふりがながふられています）

鳥のしぐさ・行動
よみとき図鑑
小宮輝之 監修
ポンプラボ 編集
ISBN
978-4-86255-666-0

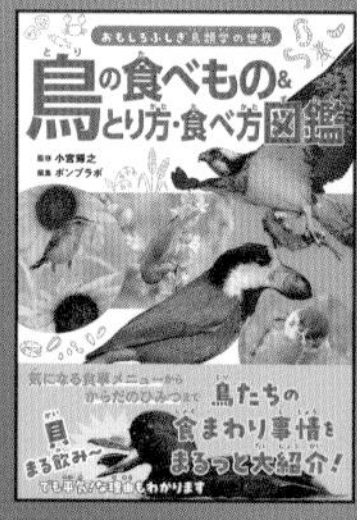

鳥の食べもの&
とり方・食べ方図鑑
小宮輝之 監修
ポンプラボ 編集
ISBN
978-4-86255-676-9

ビジュアルガイド 「にっぽんの鳥」シリーズ

にっぽんのスズメ
小宮輝之 監修
中野さとる 写真
ISBN
978-4-86255-661-5

にっぽんのカラス
松原始 監修・著
宮本桂 写真
ISBN
978-4-86255-464-2

にっぽんのカワセミ
矢野亮 監修
ポンプラボ 編集
ISBN
978-4-86255-593-9

にっぽんのシギ・チドリ
築山和好 写真
ポンプラボ 編集
ISBN
978-4-86255-610-3

にっぽんツバメ紀行
宮本桂 写真
ポンプラボ 編集
ISBN
978-4-86255-635-6

ビジュアルガイド「にっぽんスズメ」シリーズ

知識＆雑学

にっぽん文鳥絵巻
ポンプラボ 編
清水知恵子 写真
ISBN
978-4-86255-511-3

にっぽんスズメ歳時記
中野さとる 写真
ISBN
978-4-86255-377-5

にっぽんスズメしぐさ
中野さとる 写真
ISBN
978-4-86255-397-3

にっぽんのスズメと
野鳥仲間
中野さとる 写真
ISBN
978-4-86255-527-4

鳥マニアックス
鳥と世界の意外な関係
松原始 著
ISBN
978-4-86255-509-0

監修　小宮輝之（こみや てるゆき）

1947年東京都生まれ。1972年に多摩動物公園に就職。以降、40年間にわたりさまざまな動物の飼育に関わる。2004年から2011年まで上野動物園園長。日本動物園水族館協会会長、日本博物館協会副会長を歴任する。2022年から日本鳥類保護連盟会長。現在は執筆・撮影、図鑑や動物番組の監修、大学、専門学校の講師などを務める。動物足拓コレクター、動物糞写真家でもある。近著に『人と動物の日本史図鑑』全5巻（少年写真新聞社）、『366日の誕生鳥辞典ー世界の美しい鳥ー』（いろは出版）、『いきもの写真館』全4巻（メディア・パル）、『うんちくいっぱい動物のうんち図鑑』（小学館クリエイティブ）、監修に『にっぽんのスズメ』『鳥のしぐさ・行動よみとき図鑑』『鳥の食べもの&とり方・食べ方図鑑』（カンゼン）、『お山のライチョウ』（偕成社）などがある。

写真協力（掲載初出順）

三島薫
藤森直子
千葉徹
野口好博
高橋泉
小宮輝之
大野胖
入江正己
築山和好
平野伸次（iwashi_guppy）
清水知恵子

STAFF

企画・編集　ポンプラボ
ブックデザイン　大森由美（ニコ）
構成　立花律子（ポンプラボ）

にっぽんのメジロ

発行日　2023年8月4日　初版

監修　小宮輝之
編集　ポンプラボ
発行人　坪井義哉
発行所　株式会社カンゼン
〒101-0021
東京都千代田区外神田2-7-1 開花ビル
TEL：03(5295)7723
FAX：03(5295)7725
https://www.kanzen.jp/
郵便振替　00150-7-130339
印刷・製本　株式会社シナノ

万一、落丁、乱丁などがありましたら、お取り替えいたします。

ISBN978-4-86255-689-9
定価はカバーに表示してあります。
ご意見、ご感想に関しましては、kanso@kanzen.jpまでEメールにてお寄せ下さい。お待ちしております。